里程碑
文库
THE
LANDMARK
LIBRARY

人类文明的高光时刻
跨越时空的探索之旅

摩天大楼

SKYSCRAPER
BY DAN CRUICKSHANK

瑞莱斯大厦（Reliance Building）
芝加哥地标性建筑
1895 年竣工

克鲁克香克描绘了 19 世纪 90 年代伟大的艺术、工程和建筑世界，以及当时的杰出人物，如路易斯·沙利文、约翰·威尔伯恩·路特和丹尼尔·H. 伯纳姆的故事。他还展望了继承瑞莱斯大厦血统的其他建筑以及 21 世纪那些“自视甚高”的摩天大楼建筑。

始于芝加哥的摩登时代

[英] 丹·克鲁克香克 著
高银 译

北京燕山出版社
YSP
BEIJING YANSHAN PRESS

塔之城。从芝加哥环区的最北端看去，画面最前端的是论坛报大厦（1923—1925年由约翰·米德·豪厄尔斯与雷蒙德·胡德设计）的哥特式尖塔、飞扶壁和灯笼式天窗。这张照片摄于1930年。

摩天大楼：
始于芝加哥的摩登时代

[英] 丹·克鲁克香克 著
高银 译

图书在版编目（CIP）数据

摩天大楼：始于芝加哥的摩登时代 /（英）丹·克鲁克香克著；高银译. -- 北京：北京燕山出版社，2020.5
（里程碑文库）
ISBN 978-7-5402-5612-8

Ⅰ. ①摩… Ⅱ. ①丹… ②高… Ⅲ. ①高层建筑－建筑史－世界 Ⅳ. ① TU-098.2

中国版本图书馆 CIP 数据核字 (2020) 第 016955 号

Skyscraper

by Dan Cruickshank

First published in the UK in 2018 by Head of Zeus Ltd

北京市版权局著作权合同登记号 图字:01-2019-7101 号

选题策划 联合天际
版权统筹 李晓苏
编辑统筹 李鹏程 边建强
视觉统筹 艾 藤
特约编辑 宁书玉
版权运营 郝 佳
营销统筹 绳 珺 邹德怀 钟建雄
美术编辑 程 阁 刘彭新

里程碑文库 THE LANDMARK LIBRARY

责任编辑 朱 菁 任 臻
出 版 北京燕山出版社有限公司
社 址 北京市丰台区东铁匠营苇子坑 138 号嘉城商务中心 C 座
邮 编 100079
电话传真 86-10-65240430（总编室）
发 行 未读（天津）文化传媒有限公司
印 刷 北京利丰雅高长城印刷有限公司
开 本 889 毫米 ×1194 毫米 1/32
字 数 225 千字
印 张 10.5 印张
版 次 2020 年 5 月第 1 版
印 次 2020 年 5 月第 1 次印刷
书 号 ISBN 978-7-5402-5612-8
定 价 78.00 元

关注未读好书

未读 CLUB
会员服务平台

目录

* * * * * *

前言

本书所提及的均是我早已熟悉且倾慕已久的建筑。在书中，我探寻了它们之间千丝万缕的联系。有些联系显而易见，有些则微妙晦涩，还有一些甚至纯属猜测，因为本书所讲的故事太不寻常，有太多如戏的世间事和太多志向远大的人、堕入绝望的人、（尤其是）猝然离世的人，所以完全不谈论那些看似光怪陆离的内容几乎不太可能。总体而言，本书讲述的是19世纪末在芝加哥出现的一种独特的美式建筑。虽然灵感来自过去，但这种建筑抓住了那个时代的技术潜力，因而对接下来百年间世界建筑的演变与特征产生了巨大影响。

故事开始于约20年前，我初访芝加哥的时候。彼时，我心中怀有一项特别的使命。长期以来，人们一致认为20世纪初宏伟的建筑类型——商业"摩天大楼"最早出现在芝加哥。大家也认可这项伟业诞生于19世纪80年代初，虽然这一看似显而易见的事实需要基于一系列判断方能得出。这其中，一个最基本的问题凸显出来：到底什么是摩天大楼？这个问题不仅关乎建筑高度，还涉及技术与艺术领域的议题。如果摩天大楼这个概念至少在一定程度上等同于先驱、"尖端"、前卫的建筑与设计以及最先进技术的运用的话，那么摩天大楼的定义必然包括建造的技巧、劳务的提供方式与建筑的实体外观。通盘考虑这些方面之后，如果让各方为世界上最早的摩天大楼提名，想得到一致的答案会出人意料地困难。但大家一致同意的一点是，即便人们对它的确切身份仍存有争议，世界上最早的摩天大

芝加哥国家大道上新落成的瑞莱斯大厦一楼附近熙熙攘攘的人流。这座于1895年面世的大厦可以说是现代史上第一座真正意义上的摩天大楼。

DR. WELCH
DENTIST.
UNION
PIRIE,
& CO.
SCOTT

楼也确实诞生于芝加哥。这就是我初访芝加哥的原因：去瞧瞧看看，去探索发现，去思考决定，去找出那个让我心满意足的摩天大楼头号候选。从某种意义上说，自那次芝加哥之行后我一直在思考这个问题，而本书在一定程度上就是我对这一探寻过程的记录。

20年前，我认为瑞莱斯大厦摘得了世界最早摩天大楼评选的桂冠。这并非激进的论断，因为许多史学家持有相同的看法，我在本书中回顾并最终重申了这个观点。在这座于1895年年初落成的大厦身上，我们可以看到，它全部的关键要素几乎都可以在稍早时期的大楼中找到对应——钢铁框架、防火结构、陶板外墙，以及奥的斯安全电梯。它的原创性更多地体现于艺术价值与设计理念，而非建造手段，但也正因如此，它才更具竞争优势，才能成为可称之为现代摩天大楼的最早、最好的建筑。与随后的建筑相比，瑞莱斯大厦更加注重简洁性与功能性，跳出了19世纪末复古装饰的窠臼；而与早期的建筑相比，它也开创性地发挥出了现代技术的潜力。大厦幕墙的主体部分为玻璃材质，建筑主立面非玻璃的部分采用美丽的白色带釉陶板覆盖，瑞莱斯大厦因此焕发出灵动飘逸之美。从简洁的玻璃窗到无瑕的白釉陶板，从建筑材料到建造工艺，再到对实用性的追求，这些元素构成了瑞莱斯大厦最具标志性的装饰，使它看起来格外气派时髦。它预见并引领了摩天大楼的建筑辉煌，这是大多数当代高层建筑无法企及的。那又是谁建造了这一卓越非凡、具有划时代意义的大楼呢？奇怪的是，我们并不知晓确切答案。约翰·威尔伯恩·路特与查尔斯·B. 阿特伍德在这一过程中无疑起到了重要作用，也许丹尼尔·H. 伯纳姆也有所贡献。然而，正如在这个故事中屡次出现的那样，死亡总是在关键时刻不期而至，不仅阻碍了创造力的迸发，也模糊了原创贡献的具体来源。但是，在这三位建筑师之中，约翰·威尔伯恩·路特抓住并俘获了我的兴趣点和想象力，因此我特别详细地调查并了解了他的性格特征与职业发展。

事实上，这个故事的主角并不是某座单一的建筑物，而是整个芝加哥，这个世界上最伟大的城市之一。她的伟大之处有许多：在地理位置上，芝加哥位于内陆如海般广阔的密歇根湖之畔，芝加哥河流经她的市中心；在城市生活上，由于贸易、期货市场以及各种合法或非法的企业家精神的蓬勃发展，这座城市的历史虽然短暂但却轰轰烈烈，居民生活丰富多姿；在文化底蕴上，芝加哥城市史中涵纳着非裔美国人的音乐——蓝调，它在这里找到了属于自己的城市新声。当然，还有建筑——这是芝加哥不可被忽视的伟大之处。

自初访芝加哥后我又多次故地重游，最近的一次是在2017年10月。当然，那时我需要查阅档案、编排照片、会见友人，还得重访瑞莱斯大厦与其他重要的建筑；但同时，我也特意再次认真地审视了这座城市。

唯有将本书中提及的诸多建筑放在芝加哥这座城市的大背景下，将它们彼此之间的客观联系厘清，才有可能了解这些大楼的真面目——这些卓越非凡的建筑物之间互相关联，它们是经济繁荣、精力充沛、野心勃勃的群体社会的产物。这个社会渴求文化，渴望让商业活动披上艺术的外衣，而这座年轻的城市渴望着美丽与名誉。其中最具戏剧性的呈现要数为1893年芝加哥哥伦布纪念博览会缔造的昙花一现的“白城”了。它的精髓在于那一幢幢宏伟巨大、美轮美奂的古典主义风格的白色建筑，象征着芝加哥乃至全美国的希望与骄傲。

19世纪90年代，崇尚功能主义的“芝加哥学派”建筑以采用创新性的钢铁框架结构的摩天大楼闻名，它与象征着古典主义仙境的“白城”的关系颇为耐人寻味。这两种风格的建筑交相辉映，共同构成了一个看似奇怪的悖论——当时在芝加哥市中心拔地而起的摩天大楼即将成为美式建筑的代表，然而在19世纪90年代初，以“白城”为代表的广阔低矮的古典宫殿式建筑群却为人们津津乐道，并被称为美式格调。让这种关系更显奇特，同时也更为紧密的是，许多参与芝加哥摩天大楼建造工程的人——委托人、金融家、开发商、工程师以及建筑师——同样参与了“白城”的建设。例如，委托建造瑞莱斯大厦的W. E. 黑尔及其过去的商业合作伙伴卢修斯·费希尔、商人马歇尔·菲尔德、地产大亨波特·帕尔默，以及建筑师约翰·威尔伯恩·路特、查尔斯·B. 阿特伍德、威廉·勒巴隆·詹尼、路易斯·沙利文、丹克马尔·阿德勒，当然还有路特的搭档丹尼尔·H. 伯纳姆。一切都表明，要想了解这一鼓舞人心的建筑遗产的全貌，不仅有必要考察这些摩天大楼彼此之间的联系，把它们放在芝加哥这个大背景下审视，还要探讨它们与“白城”之间的关系。

与所有伟大的商业城市一样，芝加哥不断地经历着自我重建。尽管不乏慷慨激昂的遗址保卫战，但许多开创性的建筑还是被重建浪潮席卷而去。即便如此，漫步芝加哥时，人们仍能感受到这座城市的建筑自镀金时代遗留下来的力量。这股力量约始于1871年芝加哥大火的10年后，一直持续到20世纪前几十年。后来出于对创新与几乎不设限的规模的追求，这股力量转战纽约，直到20世纪60年代才重返芝加哥。

要寻访芝加哥市中心——美国早期重要建筑的所在地，有许多地点可作为旅程起点的备选，但有一条线路几乎将本书中提及的所有尚存的大楼都包括在内。这条路线的起点就是这座城市自身的发源地——坐落于西湖街与北瓦克大道一角，芝加哥河河畔的索加内什旅馆。这座建于1831年的旅馆在1833年承办了一次集会，会上决定将临时性的芝加哥河滨贸易区纳入芝加哥镇。1837年，芝加哥镇升格为芝加哥市。这个地方如今是一处繁忙、普通的交通中转站，但对年轻的芝加哥城而言，这里依然是一处神圣的所在，因为早在1860年，亚伯拉罕·林肯就是在此地的临时会议中心“伟格卫姆”大厦被提名为美国总统候选人的。

从这处中转站沿着湖街一路向西，就可以看到沿途盘卧着支撑芝加哥高架铁路的粗犷、坚固、实用的钢筋结构。芝加哥市民从容地面对这个怪异之物，好像在一层地面的主干道正中间以二层的高度建造城市轨道交通是再正常不过的事情。它使整个市区陷入无边的昏暗，剥夺了大楼住户享受美景与日光的权利，再以地铁驶过时发出的轰隆噪声与卷起的纷扬尘土作为回礼。其他城市都是通过在地下挖洞的方式为市民提供市中心地铁的，但在芝加哥却是这样一番光景。此地的高架铁路被人们俗称为“L”，它不仅环绕市中心（因此市中心得名“环区”），有时还向下驶向一些狭窄的街道。其他尝试运营高架铁路的城市严格限制了线路的数量与位置。在19世纪30年代的伦敦，蒸汽火车在砖结构的高架桥上穿城而过，但这些线路的数量极少，并且都与已有的街道交叉或平行。而且大多拥有如芝加哥“L”高架铁路般的公共交通网络的城市早就发现，总体而言，这东西弊大于利。1893年开通的利物浦高架铁路最初服务于那里的诸多码头，却在1956年被正式停止使用，如今几乎所有的铁路都已消失得无影无踪、无迹可寻。纽约西区高架铁路很早之前就已关闭，遗址随后被改造成纽约高线公园——一条线形的空中花园走廊。

可以想见的是，芝加哥“L”高架铁路的诞生必定充满传奇色彩。1893年，伴随着哥伦布纪念博览会的开幕（世博会也拥有自己的高架铁路），世界上最早的铁轨之一沿着湖街修建起来。这项看起来不可思议，并在很大程度上体现出反社会态度的冒险计划的背后

推手是那些讲求实际的企业家，他们看到了这个计划背后的巨额利润。其中最臭名昭著的是查尔斯·泰森·叶凯士。伊利诺伊州法律规定，只有经过沿线所有业主许可，才能修建高架铁路。于是，叶凯士就通过贿赂、哄骗与欺诈的手段取得了业主们的同意。在仅仅与大多数沿线业主签约的情况下，叶凯士就擅自开工，置反对者们于不顾，让他们陷入孤立无援、无能为力的境地，只能苦苦挣扎、暗生闷气。这确实无耻，可却是人性使然。如今的“L”高架铁路已然成为芝加哥最受喜爱的标志之一，它赋予了这座城市独特、欢腾的视觉符号，为这座城市注入了非凡的生机与活力，用19世纪末的视野将芝加哥打造成为一座未来之城。叶凯士后来厌倦了在芝加哥的生活，于1900年移居伦敦，为伦敦地下铁路的扩建提供资金，并因此成为伦敦公共交通发展史上的一位关键人物。当然，在那里，列车合宜地在地下奔驰。

沿湖街向西，在“L”高架铁路的阴影之下，留心的话就能注意到在富兰克林街拐角处的一排建筑物。它们是罕见的幸存者——1871年芝加哥大火后迅速兴建而起的一片大楼，值得被铭记。4层楼的建筑，外砖墙上装饰着华丽窗楣，地面矗着铸铁立柱。它们代表着在诸如瑞莱斯大厦一派的钢铁框架的摩天大楼诞生之前，那段平淡无奇的建筑发展史。

接着，就来到了国家大道。有些人认为，这里是市中心的脊梁，19世纪末期芝加哥的主要建筑，大多建在国家大道的两侧，或是国

沿着湖街架设的芝加哥“L”高架铁路。始建于19世纪90年代的芝加哥地铁不乏趣闻逸事，它对芝加哥中心城区形态的塑造影响巨大。

家大道附近的地区，总之，在这里比在芝加哥其他任何地方能见到的都要多。漫步国家大道或遍览周边地区，就能领略到本书中所描述的大部分芝加哥建筑的风貌。漫长笔直的国家大道铺设在1830年所规划的城市网格布局上，和纽约大部分地区一样，芝加哥的中心也是一块网格状区域。恰如曼哈顿，在过去的130年间，芝加哥的摩天大楼与高层建筑沿人行道而建，高耸天际，从而造就了峡谷式的街道，向南望去景色最是壮观。目光穿过大约三个街区，在街道的西侧，瑞莱斯大厦巍然矗立——这个14层楼高的巨人也曾高居顶点、傲视群雄，如今却被更为高大的后起之秀掩没。

瑞莱斯大厦记录了一段国家大道的社会史，因为在大厦最初的设计阶段，其部分场地就被考虑用作医生的小型诊疗室。国家大道是条商业街，街上经营的买卖林林总总。早期在瑞莱斯大厦行医的医生当中，最与众不同的当算本·L. 雷特曼，其诊室位于大厦八楼。人称“流浪汉大夫”的雷特曼为穷人、妓女、社会弃儿，尤其是性病患者诊治。他也是激进的无政府主义者、最早的女权主义者埃玛·戈尔德曼的情人——想必，她也一度是瑞莱斯大厦的常客。

几乎位于瑞莱斯大厦正对面的是一幢采用实心砌块材质建构的大楼，它象征着国家大道早期的另一项主要用途。从一开始，这里就是城市主要的购物街，而这座大楼就曾是巨大的马歇尔·菲尔德百货公司的一部分。这家百货公司自19世纪中叶开始的发迹史实际上就是一部芝加哥商业简史。它的雏形是波特·帕尔默于1852年在国家大道上开设的一家纺织品商店。之后商人帕尔默成为推动国家大道建设的房地产商，再后来他又变身为艺术品收藏家，在本书所讲述的故事中扮演着至关重要的角色。1865年，帕尔默与两位芝加哥店主——马歇尔·菲尔德与李维·Z. 莱特开始了合作，可在数年后他便卖掉了自己的股份。由此，这个不断壮大的商店更名为菲尔德－莱特公司。商店虽然在1871年的芝加哥大火中被付之一炬，但这对魄力非凡的菲尔德与莱特来说却不足挂齿。凭借胆识与果敢，他们竭尽所能保全了大量库存，在大火发生后的几周内就重整旗鼓，在新址重新开业了。1873年，生意越来越兴隆的商店重回国家大道。1881年，菲尔德买断了莱特的股份，成立了马歇尔·菲尔德公司。在菲尔德的监督之下，公司的批发与零售业绩蒸蒸日上，最终成为全世界最成功的百货商店之一。菲尔德想把购物变成一种愉悦的体验，让顾客在商场建筑优美的环境中自由浏览商品，丝毫不用承受非买不可的压力。此外，菲尔德还创造出一种全世界竞相效仿的零售模式。为菲尔德效力25年的哈里·G. 塞尔福里奇，从批发部的货物管理员一步一步晋升至公司的初级合伙人，并于1908年在伦敦创立了属于自己的塞尔福里奇百货公司。这栋建筑是坐落于伦敦西区的美式销售的最佳典范，其构造设计理所当然地出自丹尼尔·H. 伯纳姆之手，因为当初正是D. H. 伯纳姆公司负责设计了现存于国家大道上的马歇尔·菲尔德旗舰店，即使这家商店如今已被梅西百货收购。事实上，从建筑学角度，尤其是以瑞莱斯大厦为背景进行讨论时，马歇尔·菲尔德百货公司是很能说明问题的。现存的百货公司是个复杂的结合体，建造于1892—1914年，经历了五个不同阶段。第一阶段始于1892年，由时任D. H. 伯纳姆公司首席设计师的查尔斯·阿特伍德操刀，并于次年8月完工开业。在这之前，阿特伍德刚刚受命于伯纳姆，接过约翰·路特手中的接力棒，完成了瑞莱斯大厦的设计建造。路特于1890年开始了瑞莱斯大厦的设计工作，但不幸于1891年1月去世，留下了这项未竟之业。然而，尽管瑞莱斯大厦因其简洁实用的建筑风格——包括惊人的玻璃幕墙与小部分白色带釉陶板——而在建筑史上极具开拓意义，但阿特伍德在几乎同一时期设计的马歇尔·菲尔德百货公司整体却是传统主义风格。正如阿特伍德接下来（同样是应伯纳姆要求）为哥伦布纪念博览会设计的大楼一样，马歇尔·菲尔德百货公司的建筑细节古风尽显，钢铁框架外包花岗岩的设计表明这是一座传统的砌体结构建筑。19世纪90年代初，芝加哥在艺术领域享有非凡卓越的地位，新旧建筑世界共存于此，这座城市在巨变的边缘摇摇欲坠。

在瑞莱斯大厦南侧的街区中矗立着路易斯·沙利文设计的最后一座重要建筑物。这位建筑师在19世纪八九十年代的芝加哥，乃至在全美建筑史上占据着举足轻重的地位。这座建筑最初于1899年计划作为施莱辛格－迈耶百货公司的零售商店，后于1904年被改造为卡森－皮雷－斯科特连锁百货公司的旗舰店大楼——1901年，在瑞莱斯大厦的施工进度还未过半的时候，这家百货公司已入驻了它的底层，成为这座大厦的首位租户。这座由沙利文设计、如今被称为沙利文中心的建筑，在他困境重重的晚年终于完工。虽然后来它又经历了改建、扩建，但仍凸显出了沙利文早期划时代的建筑才能。他在1896年提出，建筑应模仿自然的样式，或是人们所观察到的自

位于国家大道上，分两阶段建造于1899—1904年的沙利文中心。路易斯·沙利文为这座百货商场进行了设计，后于1906年由D. H. 伯纳姆公司对其进行了扩建改造。

然的样式，应该做到“形式永远追随功能”。在他看来，在自然界中，形式只随功能的变动而变化，因此在沙利文中心，每层办公楼的外观看上去都是相同的，因为它们履行着同样的职责。然而，在这同一座大楼中，底层的商店橱窗与顶楼的散步场所就因功能的不同而形式各异。此外，沙利文还以植物作为其设计灵感来源：大楼看似深深植根于地下；装饰物以自然有机的方式，独具匠心地向上环绕蔓延；大楼顶部高耸于成排的“芝加哥窗”（通常由固定居中的大块玻璃与两侧较小的、可上下拉动的滑窗构成）之上，如植物茎上的花朵般绽放。*

国家大道以西的几个街区外，在西亚当斯大街与南拉萨尔大街交会处，坐落着1886年建成的卢克里大厦——这是由伯纳姆与路特设计的首幢重要高层建筑。它外表洋溢着理性之风，细节处却极尽折中主义装饰之能事。1906年，弗兰克·劳埃德·赖特对大楼重新进行了装饰改造，为它内部的庭院添加了精美华贵的天窗玻璃顶。靠近卢克里大厦南侧，在西范布伦大街与国家大道交口处，矗立着建筑史上的惊世杰作摩纳德诺克大楼。这座由约翰·路特在1891年1月份——其离世前，刚好完成设计的17层高楼，巨大宏伟、庄严超群，外部几无装饰。摩纳德诺克大楼是极简主义风格抽象派建筑的力作——这一成果在很大程度上是由大楼极具成本意识的委托人推

---

* 由沙利文与丹克马尔·阿德勒合作的，且现存于世的最早的芝加哥大楼是位于沃巴什大道15－19号的珠宝商大厦，就在瑞莱斯大厦的转角处。建造于1881—1882年间的珠宝商大厦设计精美，花样纹饰已然展露出沙利文在建筑风格上匠心独运的自然隐喻。感谢芝加哥文化中心的蒂姆·萨缪尔森提供的资讯。

动形成的，设计理念绝对前卫。摩纳德诺克大楼南面、位于迪尔伯恩大街上的是费希尔大厦。这座19层高、采用陶板包层的建筑是查尔斯·阿特伍德于1893年为卢修斯·费希尔设计的。彼时，阿特伍德还在同时进行着瑞莱斯大厦的建筑设计。费希尔大厦的正式落成已经是1896年的事了，而那时的阿特伍德却已突遭意外，英年早逝。费希尔大厦与瑞莱斯大厦形成了极有趣的对照：尽管二者显然出自同门，但费希尔大厦古朴有余、玻璃饰物不足，似乎有意回避瑞莱斯大厦所标榜的前卫风格。

这趟非凡的芝加哥建筑史之旅现在即将达到高潮。毗邻费希尔大厦而建的是16层高的曼哈顿大厦，由威廉·勒巴隆·詹尼于1888年设计而成，是芝加哥第一座全钢铁框架摩天大楼。但是，尽管这座气派宏伟的史诗巨作在现代高层建筑诞生史上享有先驱地位，曼哈顿大厦却仍然采用砖石结构以隐藏其钢铁框架，并在外表上附以包括一系列鬼面雕刻在内的古典风格装饰，工艺繁复，足以充当文艺复兴时期豪华的宫殿装饰。接下来，再次回到国家大道上，第二莱特大厦的主体部分赫然显现。这是詹尼1889年为李维·莱特设计的百货商店大楼，当时的莱特刚刚与马歇尔·菲尔德分道扬镳。这座大楼虽然不高，却扩展延伸，占地面积极广，横跨了整个街区。继曼哈顿大厦之后，詹尼的设计风格变化得耐人寻味、令人着迷。莱特大厦仍保留了古朴的装饰——引人注目的巨大古希腊多立克式

下页图

1887年，沙利文与阿德勒合作设计的芝加哥会堂大厦。建筑恢宏简洁，充满都市气息。在它落成时，它是美国规模最大的独幢大楼，也是芝加哥的第一高楼。

壁柱尽显崇高典雅，钢铁框架外仍是砖石外墙，但一切显得更加简洁理性。很显然，这座功能主义的建筑正从历史的束缚中破茧而出。接下来，终于出现在我们面前的是芝加哥，也是19世纪末的美国最重要的建筑之一。在国家大道穿过议会公园路交口以东的地方，就是会堂大厦之所在。这是1887年芝加哥商界财团聘请路易斯·沙利文与丹克马尔·阿德勒合作设计建造的著名建筑，大厦内部设有一个包含4300个座位的会堂，是芝加哥为跻身美国文化地图，让自己有资格与1883年在百老汇大街上开业的纽约大都会歌剧院相比肩而设立的。企划建造这座大厦的财团首脑是地产界百万富翁、慈善家斐迪南·佩克。财团其他成员包括：律师、商人马丁·A. 赖尔森——1892年，年仅36岁的赖尔森已是当时的芝加哥首富，也是当地首屈一指的艺术品收藏家；工程师、实业家乔治·普尔曼，他为国家铁路研发了奢华的“普尔曼”卧铺车厢；百货公司巨头马歇尔·菲尔德。当会堂大厦在1889年竣工时，它已是全美规模最大的建筑，凭借18层高的塔楼成为芝加哥的最高点。这些人与他们建造的高楼广厦造就了如今我们栖居的城市建筑群落。一旦你听过他们讲述的故事，就再也不会用之前的眼光看待现代城市了。

* * * * * *

约翰·威尔伯恩·路特：亚特兰大、利物浦与纽约

亚特兰大

发生在佐治亚州的“亚特兰大之围”始于1864年夏。这次围攻没有南北战争中南方邦联城市维克斯堡与彼得斯堡所经受的那般旷日持久、血腥惨烈，但情形也不容乐观。被围困者中有西德尼·路特、玛丽·路特和他们的家人，包括他们14岁的儿子约翰·威尔伯恩·路特。

当北方联邦军队在5月份开始长驱直入，横扫佐治亚州时，亚特兰大成为其首要攻击目标。陆军少将威廉·特库赛·谢尔曼率领62000名士兵，意欲摧毁亚特兰大的物资，击垮南方邦联人民坚持独立的意志。这次突袭是一次严厉的惩罚，硝烟散去时满目疮痍、人心惶惶。

在一封写于1864年1月31日的信中，谢尔曼陈述了他那令人胆寒的目标。这封信名义上是写给军队副官陆军少校R. M. 索亚的，实则是为了公开发表，使它得以在北方联邦的敌人之中流传。谢尔曼在信中说，他的指挥官们攻克并占领南方邦联地区后，应“将当地居民集结起来……并告诉他们，是时候由他们决定自己及其子女是否会继承这片上帝赐予的美丽家园了”。想要保留他们的土地，叛军只需弃暗投明、重回联邦。但是，谢尔曼威胁说：“如果他们无意求和，那好吧，我们接受，他们也将被驱逐，他们的土地将为我们的朋友所有。”

回顾过去三年不断升级的战争，以及南方邦联对北方联邦所做呼吁的一再无视，谢尔曼继续写道：

去年，叛军（如果他们当时有所悔悟的话）本可挽救他们的奴隶，但如今为时已晚。任谁也不能让他们的奴隶重回他们身边，这些奴隶正如他们死去的祖先一样，已经永远地离去了。明年他们的土地也将被没收。在战争年代，我们可以这么做，这也是理所应当的。再过一年，他们可能会摇尾乞怜，以求免死。战时顽抗的人民应该知道自己会付出什么代价。许多还没有那么冥顽不灵的民族就已经遭遇灭顶之灾。对于任性妄为的分裂者，死即是仁慈，且越早越好……[1]

征服亚特兰大，这座在1860年仅有9500多人的城市，对北方联邦的统一大业至关重要，因为这座城市作为南方邦联铁路运输的枢纽，正是一处交通要冲。亚特兰大是北面的西部－大西洋铁路、南面的梅肯铁路、东面的佐治亚州铁路以及西南面的亚特兰大－西部铁路的交会地。正如当地人所熟知的那样，铁路运输的枢纽功能正是亚特兰大在战前乃至如今一直占据重要地位的关键原因之一。重要的地理位置赋予了这座城市巨大的战略意义，使其成为兵家必争之地、当地人民誓死捍卫之城。《亚特兰大每日宪报》(*Atlanta Daily Constitutionalist*)1864年5月1日写道："亚特兰大是一处战略要地……通往这座'南方的门户'上的每一条路都像希波战争中的温泉关，必须死守不懈。"[2]

经由亚特兰大，军队与物资可以快速地向南方腹地调遣、转移。重要交通枢纽的地位，使亚特兰大成为炙手可热的军事目标，甚至还有可能如战争中常见的那样，被毫无歉疚之心的敌人无情地摧毁。

1864年春，大多数人已然明白这座欣欣向荣的小城在劫难逃，亚特兰大的街道与周边的田野将成为血染的战场。

当北方联邦军队开始了针对亚特兰大蓄谋已久的毁灭性进军时，他们看起来势不可当，这使亚特兰大居民在加强防御工事时忧心忡忡。这种焦虑在西德尼·路特身上也许体现更甚。作为一名商人，他有大宗股票与投资亟待交易。而且进犯的敌对势力与战争的不确定性可能会让他失去更多的东西。此外，在北方出生的他可能会面对联邦军当局的严厉惩罚。在当时的情形之下法理非常微妙，但对谢尔曼的士兵而言，路特那些生在南方的邻里只是叛军而已，而路特本人可以算是一个叛徒。

相对而言，路特一家是亚特兰大的新居民。在19世纪40年代，西德尼·路特从新英格兰地区向南迁移，并在佐治亚州的兰普金县开设了一家纺织品商店。在那里，他与詹姆斯·克拉克（一位沉默寡言却颇具干才的法官）和佩米莉亚·威尔伯恩的女儿玛丽·克拉克喜结连理。克拉克与威尔伯恩两家都是佐治亚州历史悠久的家族。1850年1月10日，在路特家族位于兰普金县的家宅中，约翰·威尔伯恩·路特降生了。

生意越做越好，西德尼·路特渐渐感到兰普金县这个位于产棉地带的小镇已经无法满足他事业发展的需要了。这里四周都是种植园，成千上万的奴隶在田间劳作。1857年，路特一家搬到了亚特兰大。彼时，作为铁路枢纽，亚特兰大的地位日益上升，城市不断扩张。与此同时，克拉克一家似乎也从兰普金县搬到了亚特兰大。西德尼·路特的事业在新家园也做得风生水起，而且他似乎把对儿子的教育当作了头等大事。正如哈莉特·芒罗在成书于1896年的约翰·路特传记中所写的那样，西德尼·路特生平热爱艺术，梦想成为一名建筑师。然而，他的父亲不允许他沉迷于其中。因此可以想见的是，西德尼决定通过儿子约翰来实现自己的梦想。芒罗的这本传记揭露了不少路特家族秘史，因为芒罗本人就是约翰的妻妹，从而接触到了许多路特家族的内部资料。在约翰尚且年幼时，西德尼就确保约翰尽可能地熟悉艺术学科。音乐、诗歌、绘画与建筑成了他早期教育的重点。并且有证据表明，约翰没有令西德尼失望，因为除了感兴趣之外，他很快就在这些学科上，尤其是在绘画与诗歌上，展现出了真正的、非凡的天赋。

然而，田园诗般的生活在1861年6月戛然而止。佐治亚州与另外十个州一道宣布退出联邦，内战随即打响。依据芒罗所述，西德尼·路特旋即"效力于南方邦联，为苏格兰克莱德河畔的造船中心投资，使他们能够建造快速汽船以突破海上封锁，躲避设在邦联港口的北方联邦军警戒，将商品偷运到被围困的南方诸州"。[3]

除苏格兰克莱德河畔的造船中心以外，利物浦与伯肯黑德的造船厂也接受了委托。实际上，当时利物浦已然成为南方邦联的海军基地，也是脱离联邦的分裂者在欧洲的大本营。作为美国南部棉花工业的关键目的港，利物浦至关重要。这不仅是因为在利物浦及其周边地区能大量造船，还因为在此能招募船员，让他们驾驶船只突破军事封锁，将购买的货物输送至南方邦联。毫无疑问，这一做法招致了北方联邦政府的不满。他们向英国表示抗议，要求英国作为中立国，不得以任何形式协助、支持南方邦联，也不得允许任何英国企业这样做。因此，英国当局对利物浦商人及实业家下达了禁令，规定为南方邦联造船属于违法行为。如此一来，造船一事只能秘密进行。这些限制与禁令使像路特这样的投资人面临着巨大的经济风险，但问题还不止这些。正如芒罗所指出的那样："三分之一的船艇落入敌手，这样的损失对投资者而言可能意味着灭顶之灾。但是，高损耗等同于高回报，因为损耗极大地提高了成功运回的货物的价值。"芒罗暗示，西德尼·路特可能是为数不多的幸运儿之一，"在战争结束前……发了一大笔财"。芒罗还说，西德尼深受南方里士满联盟政府"信任"，"接受了戴维斯总统的委派，前往一两个国家执行特别任务"。[4]在对这段历史的描述中，芒罗对约翰着墨不多，只是暗示约翰早慧，且比同龄的孩子高大健壮。因为在约翰年仅13岁时，西德尼就已经提早准备，给儿子开了一份年龄证明，并嘱咐他随身携带，以免被"误以为他已年满16岁"的征兵军官盯上。[5]

西德尼·路特长期的国外工作可能引起了同胞的怀疑。很显然，他的搭档约翰·N. 比奇就被推上了舆论的风口浪尖，这也是人之常情。有些人疑惑为何在亚特兰大危难之际，像比奇这样的人反而弃城而去？这些缺席者是逃避责任呢，还是更恶劣地做了叛徒？历史学家托马斯·G. 戴尔解释说，约翰·N. 比奇的南方人身份在亚特兰大已经公开地受到了怀疑。人们质问，这个富有的商人为什么在欧洲待那么久！最后还是德高望重的亲南方邦联派医生约瑟夫·P. 洛根为比奇解了围，挽救了他的声誉，甚至是他的生命。洛根以自己的名誉为比奇担保，说比奇在国外是为了完成一项"光荣的"使命，那就是建立，或试图建立南方邦联与欧洲的贸易联系，而不仅仅是置身事外，发战争财，中饱私囊。[6]洛根与比奇之间的关系，以及他对比奇的计划和事业所抱有的信心，都可以在1858年建立的亚特兰大中部长老会的教堂档案里找到依据。根据档案记载，约瑟夫·P.洛根医生是该教会的创始长老之一，而约翰·N.比奇则是其中一名成员。[7]如此看来，在信仰上帝的美利坚诸州联盟，人们就是这么赢得并保住声誉的。

很可能，西德尼·路特也像他的搭档一样，被人批评在关键时刻逃往国外、牟取私利。但是，并无记录表明公众对西德尼在1864年夏天的所作所为存在不满情绪，尽管他的岳父克拉克法官因言招祸，惹怒了一些南方“爱国者”。据芒罗所言，“克拉克是亚特兰大有声望的人中唯一坚决反战的，而且他还预言北方将取得战争最后的胜利”。[8]因此，路特在亚特兰大很可能会有格格不入之感，尤其因为他还是个土生土长的北方人，他们一家的生活可能不太容易。雪上加霜的是，当北方联邦军最终于7月下旬对亚特兰大展开合围之际，芒罗解释说，西德尼·路特“因特派出使而不在家中”。[9]因此，在这关键时刻，路特一家感觉自己腹背受敌。南方是家长式社会，所以西德尼·路特的缺席就显得意义重大，尤其因为他是家族财富的缔造者与保护者，是家里的顶梁柱，而且就我们现在看来，他也是儿子约翰的指路明灯。

当北方联邦军队抵达时，亚特兰大已严阵以待，筑好了直径约2千米的强大防御工事，形成了长达16千米的环城阵线。但是，将“进攻就是最好的防守”奉为金科玉律的防军新指挥官约翰·B.胡德中将意识到，他的前任约瑟夫·E.约翰斯顿之所以被免职就是因为他在过去的几个月里屡次被谢尔曼军从侧翼包抄，以致自己的军队从佐治亚州节节败退至亚特兰大城郊。胡德不想坐以待毙，最终落得被团团包围、死守困城的下场，因此，7月20日，出于先发制人、克敌于机动战战场的崇高目的，胡德发动了他的“第一次军事突围”。

谢尔曼听闻南方邦联军易帅、胡德取代了约翰斯顿的消息后，甚为欣喜。因为这位蓄着大胡子的南方将军以鲁莽著称，其仅存的独腿单臂也是明证。甚至连胡德的旧友、陆军少将威廉·H. T. 沃克也心存疑虑。得知胡德突然被提拔为军队指挥时，他评价胡德“升得高”，也担心他会“跌得猛”。[10]这一喜一忧最后都被证明是有道理的。胡德的突围计划不当、执行不力，以致南方邦联军两万人的主攻军中有近四分之一伤亡，损失惨重却无明显收获。对阵的北方联邦军人数相当，但伤亡人数还不及南方邦联军的一半。战败未使胡德退却，反而让他决心发动一场更大规模的机动战，想要出其不意，打北方联邦军一个措手不及。胡德兵分两路，派出一队人马夜行24千米前往亚特兰大东南处，大部队则退回城市的防御工事中。当胡德做出这样的军事部署时，北方联邦军抓住时机发动攻击，抢占了亚特兰大外围防御上的山顶要塞。傍晚时分，作战成功的北方联邦军高踞山顶，俯瞰着脚下可看作囊中之物的亚特兰大城。

次日（7月22日），胡德发动了“第二次军事突围”。战斗很激烈，但南方邦联军再度失利，死伤、被俘士兵多达全军人数的四分之一，损失比北方联邦军高出一半以上。在南方邦联军阵亡名单中，

1865年年末，在亚特兰大中部沿桃树街北眺。图中最前端是被毁的亚特兰大银行与一间台球厅。

威廉·H. T. 沃克将军赫然在列，他当日的担忧成真，而且以最惨烈的方式应验了。他的朋友胡德的确缺乏成功发动、指挥一场防御战的才能。

这次战败后，胡德退回到城中的防御工事之中。到7月27日，北方联邦军已或多或少地对亚特兰大实施了初步包围。但是，胡德仍孤注一掷，愿以士兵的鲜血来做赌注，并于7月28日发动了他的“第三次军事突围”。这次胡德没有协调作战，只是派出一支大部队独自对北方联邦军发起一系列的机会主义式进攻。彼时，北方联邦军正在缩紧对亚特兰大的包围圈。战斗结果对南方邦联军来说是灾难性的。战士们发现，与自己对阵的北方联邦军早就全副武装、严阵以待。夜幕时分，南方邦联军退回城中时伤亡近五千人，而北方联邦兵力只折损了六百。胡德试图以巧计挫败进攻者的计划彻底失败了，现在进入了长期围城的胶着期。北方联邦军的重型枪炮几近随意地向亚特兰大发射枪弹，恣意伤人害命。双方的骑兵部队在城外打打停停，互相干扰着对方的交通线，结果均是无关痛痒。

芒罗侧面提及了时年14岁的约翰·路特生活在受围被困的亚特兰大城的防御工事中的境况。1861年4月，战争刚刚打响，对于如

约翰一般的男孩而言，战争是一件浪漫而又激动人心的事情，以至于让人心生向往。战争意味着勇武的精神、光荣的军装与诗意的辉煌。但是，到1864年年中，面对着让人绝望的围困，战争“对于南方男孩的魅力已被夺走”。此刻的南方邦联士兵已经成了“狼狈不堪的人”，无法再激起孩子们模仿的热情。芒罗指出，孩子们“被藏在地窖里，因为炮击太频繁，残片落得太近”。但约翰似乎十分大胆，好奇心又强。一天，他“撬开了其中一个‘致命的恶魔’，结果发现里面填充的不是火药与铁块，而是无害的木屑”。[11]这个奇特的故事显然在路特家流传了下来。它还意味着，要么是北方联邦的军需工业产能不足，要么，更可能的是，混杂在工人中的南方邦联支持者暗中搞了破坏。这个发现暗示着南方支持者居然出人意料地深入敌后，对当时被困城中的亚特兰大人民来说，这个消息无疑是一针急需的强心剂。

然而，这微小的希望也转瞬即逝了。8月25日，在围城近一个月后，谢尔曼开始发动进攻，向内推进。攻城战缓慢有序地展开，并最终取得了胜利。到8月31日，南方邦联军指挥失利、节节败退，被迫应战并且不得不付出高昂代价。值得注意的是，这期间发生了一次特别的突围战，南方邦联军虽然给它起了个响亮的名字——“琼斯伯勒之战”，但也只是分散并牵制了北方军队，把他们控制在城南地区而已。当日收兵之际，南方邦联军伤亡人数多达1725人，约是北方联邦进攻军损失的10倍。

实际上，“亚特兰大之围”已然结束。9月1日，当琼斯伯勒附近的南方邦联军还在垂死挣扎时，北方联邦军队已经大摇大摆地进城了。当晚，谢尔曼写道：“亚特兰大已经是我们的了，我们赢得光明正大。”[12]

胡德率领残部撤退，同时执行了“焦土政策”。为防落入北军之手，铁路维修与制造设施悉数被毁，为胡德运送军火的弹药列车也被付之一炬。毫无疑问，从军事角度看这是一个明智的举措，但如同胡德的大多数决定一样，此举对亚特兰大而言意味着灾难。火车车厢在巨响中爆炸，随之而来的大火最终吞噬了整个城区。

城中幸存之处，在此之前已经承受了围困、炮击与交战所带来的巨大伤害。陆军少将约翰·W. 吉尔里在一封写于9月3日的信中描述了这一场景：“这是一座十分美丽的城市……居民大约有15000人，（但是）目之所及，房舍几乎没有一座不在某种程度上展现出惨遭肆虐的痕迹。许多美丽的房屋变成了废墟，不少景观树木被我们的炮弹炸毁。”[13]在此基础上，北方联邦军又开始着手加大对亚特兰大的破坏，摧毁一些被认为具有军事战略意义的建筑。但是，这个过程却随意仓促、不甚严谨。正如历史学家戴维·J. 艾彻所观察的那样，“谢尔曼根本不在意被毁的财产对敌军而言是否真的具有军事价值”。事实上，谢尔曼的言行无不表明了他的态度。他命令当地居民迅速撤离，亚特兰大旋即成了一个巨大的军营，谢尔曼的军官与文职人员占领了幸存下来的最好的房屋。谢尔曼写道：“如果有人胆敢质疑我残暴野蛮，我会回敬说战争就是战争，这又不是为了讨谁的喜欢……如果想要和平，他们自己还有亲属就必须停止战争。”[14]他明确表示，“若亚特兰大人想在家中重享平安祥和的生活，唯有一条路可走”，那就是承认战争“因错误开始，因自负持续”。[15]

正如谢尔曼自己后来所说的那样，他的行为无疑是其军事政策，更确切地说，是其人生哲学的体现："战争即地狱。"在他看来，结束美国内战最快、最有效的方法，就是尽可能地对敌人施以重罚，让他们承受更多的痛苦，不管是对平民还是士兵。他写道："战争是残酷的……战争越残酷，就结束得越快。"

路特一家对这种残酷有着最直接的体验，"所有非作战人员必须在24小时内离城，因此西德尼·路特身材娇小的妻子勇敢地将孩子们召集起来，带上极少的贵重物品，走进了荒野之中"。克拉克家与路特家的宅子都被北方联邦的将军占领了，他们"享受着……其中无边的舒适与安逸"。[16]

玛丽·路特带领家人来到属于克拉克家族的一个种植园。他们在那儿待了几周，直到北方军队离开亚特兰大，他们才能重返家园。这家人返城之时将看到一片废墟，但我们都知道，那时他们家至少有一处在亚特兰大的家宅尚存，因为它至今依然存在。1859年，玛丽·路特的父亲在华盛顿街与琼斯街的西北角建造了一座巨大的砖砌宅邸，也就是现在的伍德沃大道325号。如果当时路特自家的房子因破损严重而无法居住的话，他们有可能就住在这里。[17]

如果当时约翰的确住在克拉克家位于华盛顿街上的房子里的话，那他住的时间也不长，因为在10月份，他就踏上了一段伟大的冒险旅程。正如芒罗解释的那样："在如此动乱的时期，约翰几乎无法学习，西德尼·路特的老友及商业伙伴罗伯特·T. 威尔逊先生就提出带约翰去英格兰。约翰可以坐上威尔逊持股的舰船，冲破封锁，远渡重洋。"[18]虽然前路危险重重，但在当时，这也许是最安全的选择。

战争可能还要持续数年，而且再有一年多的时间，约翰就到了该当兵的年纪，如果南方形势恶化也许还会提前入伍。毫无疑问，路特一家是爱国的，但是他们像许多家庭一样，把自家儿子的生命看得比什么都重要。如果约翰能安全抵达英格兰，这也许是最好的安排。他会被“安排住进西德尼·路特的英国搭档的家”。[19]在那里他可以继续学业，更重要的是可以躲避战斗的恐怖与危险。约翰本人对这项提议看法如何，书中并未记载，人们所知的是，他、威尔逊还有另一个孩子，一起逃出了亚特兰大，躲过了南北双方的巡逻兵（如若被发现，他们将面临着被监禁或被征入伍的命运），成功抵达北卡罗来纳州的威尔明顿港。在战争的最后一年，这里成了南方的主要港口。尽管遭到攻击与封锁，但直到1865年2月，威尔明顿港仍能自卫、派遣巡洋舰并接收物资，而它的陷落无疑将战争的结束提前了。

约翰被安排上了一艘船，这艘船在雾气掩护下溜出了海港，经过了潜伏在那里的北方联邦舰队。舰队向这艘跑得飞快的船开火，但没能阻挡它突破封锁线。因此，约翰很可能是藏在一船棉花之中安全逃离的。1864年11月17日，约翰在给妹妹的信中描述了自己这次危险却成功的旅程：“经过18天的海上航行，我现在终于到达了利物浦。突破军事封锁时，他们只向我们的船开了三次火。两天半之后，我们就到了百慕大。”

百慕大作为英国的属地，是深受南方邦联船只偏爱的停泊口岸，因为在当时严密的封锁控制之下，南方船只可以使用岛上提供的便利设施，而不至于公然破坏英国的中立立场。在这里，可以购买补给、简单维修船只、交易商品。如果有像伯肯黑德造的三桅帆船“亚拉巴马号”那样的劫掠船抓了俘虏的话，也可以在百慕大把他们转卖给英国人。

约翰的信彰显出他萌生的美学意识。此时的约翰只有十几岁，也许是因为受到父亲教育的影响，他的一些观察已经表现出他对形式、色彩与视觉上的诗情画意的关注。信中，他如常向妹妹赞美了港口周围的如画美景：“你会多么欣赏、喜爱这美丽的海湾啊，港口停满了壮观的船舰与优美的汽艇。最美的还得说是圣乔治村，它几乎被青翠欲滴的群山怀抱着，山顶上的要塞还架满了沉重的机关大炮。”

更有说服力的是约翰对于所遇之人，尤其是对那些衣着光鲜亮丽的英国士兵与海军陆战队队员带有批判性与反思性的观察。他告诉妹妹，那里有“许多穿着鲜亮的猩红色上衣与黑色裤子的士兵。他们雄赳赳气昂昂地走在街上，看起来是如此干净整洁，而南方邦联士兵的穿着却那般肮脏破烂”[20]。在所有内容当中，这句评价似乎印证了一种少年式的感伤。“亚特兰大之围”缺乏一个14岁男孩心中希冀的美丽、壮观，也没有战争的荣耀可言。即使是得胜的北方联邦军也显得邋遢寒酸。后来，当回忆起“老特库赛（谢尔曼）”攻入亚特兰大的情形时，约翰说他本害怕——或希望——在那个他讨厌的“无情的征服者头上看到令人生怖的恐惧光环”。但令他失望的是，“在这个冷酷、憔悴的战士身上，既看不到胜利的荣耀，也感受不到战争的恐怖。他只是一个没有梳洗、胡须杂乱、戴着破软帽、踩着脏军靴的邋遢鬼”。[21]对年轻的路特来说，战争毫无诗意可言，甚至还有些让人失望。

信中，约翰也向妹妹提到了带他前往英格兰的那艘船。他说，那是一艘“叫作‘米莉塔’的蒸汽船。船很大，将近80米长，大约9米宽”。南方邦联海军并无“米莉塔”号的记录，在因南方的纵容而与海盗无异的武装民兵船中也没有找到。这艘船也许是在英国或其他国家登记注册的，而且看起来它和罗伯特·威尔逊也没有什么关系，因为他们没能及时到达威尔明顿港，登上当初预订的、威尔逊持股的那艘船，所以不得不另外找船。最后，事实表明，这反而是意外的幸运，因为威尔逊的船被堵在港口的北方联邦军队截获了。

利物浦

离开百慕大之后，经过15天的航行，年轻的路特安全抵达利物浦。他写信向妹妹描述了自己对这座城市的第一印象。在这封信中，路特记录了一些建筑细节，展露出自己具备捕捉美学价值的敏锐眼光：“在我们抛锚停船的位置可以看到长长的航线（长度超过11千米），数不尽的船冒着烟或是扬着帆正驶出海湾*，还有些则被外形奇特的‘拖船’牵着曳过水面。”

关于码头建筑、生活以及利物浦城，路特观察说：“码头用坚固的花岗岩砌成，周围建着高大的仓库……街道上漂亮的大楼鳞次栉比，行人熙熙攘攘。”他提到，当时那里有40万居民，“出租马车与运货板车嘎吱嘎吱地轧过马路”。但是，约翰不无遗憾地注意到：“阳光没那么强烈，气候也不如美国南方好，这里烟雾迷漫、空气潮

* 实际上是默西河口。

湿。”有意思的是，约翰对自己在利物浦的住处却描述甚少：“比奇先生住在一幢大房子里，装修典雅。”[22]这位比奇先生指的也许就是亚特兰大的约翰·N. 比奇，西德尼·路特在佐治亚州的搭档。但是，比奇就是之前提到的路特的“英国搭档”吗？原计划中约翰就是要住进他在利物浦又大又漂亮的家里吗？如果真是这样，那么亚特兰大人对比奇的怀疑就不是空穴来风了。当他的城市危在旦夕，南方邦联浴血奋战之际，比奇却住进他在利物浦的安乐窝里，舒舒服服地大发横财。

在约翰的传记中，哈莉特·芒罗写道，约翰“被送进了一所克莱尔蒙特的学校，就在利物浦附近。在那里，专业课程开发了约翰在建筑与音乐方面的天赋”[23]。他在随后写给家人的信中说：“在绘画与歌唱方面，我取得的成绩连我自己都吃了一惊。”现在，一如往常，美对约翰而言是世界上最重要的事，他因艺术之美而激动不已。[24]唐纳德·霍夫曼在著于1973年的路特传记中对约翰在利物浦的求学生涯进行了一些补充说明。被霍夫曼称为“克莱尔蒙特学校”的地方在沃拉西，校长是W. C. 格林牧师。在那里，约翰确实成绩优异，因为在1866年年中，他通过了牛津大学的入学考试，在榜单上位列第二组。[25]

由这项记录可见，路特在学业上名列前茅，但是他的品格发展如何？他对艺术的热爱有多深呢？这在他所写的家书中可以略窥一二。这些信最终落入芒罗之手，并被收录在传记里。用今天的目光来审视，这些信有些奇特，因为对于一个只有十五六岁的少年来说，约翰表现出了与年龄不相符的自信乃至自负，还有强烈的自我意识。在给一位亲戚的信中，少年约翰写道："世上真正存在的人极少，而且值得活在世上的人也很少。那些值得存活于世的人，他们的灵魂与自然的乐符同频共振，会因细读行行自然诗篇而欣喜若狂，而那诗篇写在每片叶子上，写在每处美景中。"[26]

约翰的说法呼应了当时社会的一些流行观点。诸如查尔斯·莱尔等地质学家的科学发现（在其分别于1830年与1833年出版的两卷《地质学原理》中进行阐述），还有博物学家查尔斯·达尔文发表于1859年的《物种起源》，这些观点均撼动了传统的基督教神创论。科学揭示，世界似乎是以一种实验性的、无法解释的方式进化了数百万年，而不是一成不变的，或是像许多基督徒仍然相信的那样，遵照神的旨意发展了仅仅5800年（参考大主教詹姆斯·乌雪于1650年发表的权威著作《旧约及新约编年史》，他在书中推算地球诞生于公元前4004年）。这些科学发现震惊了许多人，但很快就出现了一种新的基督教解释，试图将客观的科学真理与历史悠久的神秘基督教信仰相融合。在达尔文革命之后，人们称《圣经》对地球的起源提供的是一种象征性而非字面意义上的描述。他们争辩说，神创论没有受到新的科学发现的挑战，正相反，这些发现所揭示出的自然界的惊人奇迹与各式创造物，都是对它的印证。上帝的旨意确实存在，只是比人们最初预想的还要复杂得多，远远超出了人类的理解范围。1850年，钦定医学教授亨利·W. 阿克兰爵士在牛津大学自然史博物馆发表了振奋人心的演说。他借用托马斯·布朗爵士的观点，阐述了自然世界的重要性，并表达了当时的时代精神。托马斯·布朗是一位博学之人，早在17世纪就极有见地地预言了19世纪中期的信仰危机。在解释新博物馆“启发大众”的目标时，阿克兰引用布朗的话说道：“我从两本书中习得神性，一本是上帝写就的那本*，另一本则是由他的仆人——自然所创作的书稿，内容人人得见。”对阿克兰来说，“自然之书”揭示了上帝的“神迹”，如此一来，也就解释并肯定了“神的伟大”。[27]

对于19世纪下半叶的建筑师与工程师而言（其中当然包括约翰·路特本人），由科学发现激起的对自然之美的新理解将会对他们

* 指《圣经》。

产生深远影响。此外，新材料（尤其是熟铁以及后来的钢铁）在建筑结构中的运用，促进了在规模和建造方式上具有开拓性的一系列大胆尝试。例如，1882年，由约翰·富勒与本杰明·贝克设计的钢铁结构的福斯铁路桥，就是从古代大型哺乳动物骨架的悬臂原理中获得的灵感。人们开始意识到自然所具有的创造潜力，并由此想到了对建筑表面进行装饰的新方法。美国的路易斯·沙利文、奥地利的奥托·瓦格纳与苏格兰的查尔斯·伦尼·麦金托什均仔细地审视了自然形态提供的种种可能性，并各自形成了别具一格、充满个性

当年轻的约翰·路特于1864年11月抵达利物浦时，当地恢宏的商业建筑，比如阿尔伯德港，一定对他产生了深远的影响。

的装饰手法，突破了随波逐流地模仿、诠释历史风格的传统。

从少年路特的信中不难看出，他不仅仅是个年少的浪漫主义者。路特没有被当时流行的观点裹挟，也没有被大自然提供的无限艺术可能性蒙蔽。看起来，他是一个实事求是的现实主义者。他热爱美，自然中神圣的创造物即是美的化身。对他而言，美并不背离人们苦苦追求的物质成功，而是其潜在的基础。芒罗引述了路特写给家人的信，他观察到，“人类中的佼佼者必须坚定不移地埋首于自己的工作之中……必须痛饮创造新生之酒，必须逐页细读自然写就的恢宏诗篇”。前途对年轻的路特来说似乎是早已注定的：接受隐藏于自然之中的训导，并将其运用于自己的创意作品——音乐抑或建筑之中，成功必将如期而至。效法自然，欣赏“她对我们的启示，那么我们的生活就会变成一首未成文的诗，诗节将如荷马大作般庄严崇高”。[28] 不少先人，诸如16世纪中期的意大利建筑师安德烈亚·帕拉第奥，似乎持有同样观点。

路特在利物浦还有哪些见闻呢？他在11月17日写给妹妹的信中表明了自己对建筑的鉴赏力。19世纪60年代中期，利物浦有许多美轮美奂、前卫新奇的建筑物，路特在信中提及的巨大码头仓库也依然存在。路特刚到利物浦时能看到的最显眼的一座码头仓库，就位于阿尔伯特港附近、默西河畔，靠近市中心的位置。这些仓库规模庞大、功能完善却又设计简洁，今日仍然如故。砖石结构的承重墙与铸铁立柱相联合，它们采用有防火功能的铁石内核、铁质架

利物浦凸窗大楼是一座建构设计新颖前卫的商业建筑。年轻的路特一定见过这座大楼并为之惊叹，因为后来路特将它的凸窗逐渐发扬光大，以之为原型演化出了众所周知的“芝加哥窗”。

A.D.1864
COVENT GARDEN
UPPER GROUND FLOOR OFFICES
TO LET
3,160 SQ.FT
TO LET

构，就连顶部也包着铁。这些大楼还有一个非比寻常的特性，即在构造上完全没有使用木材。这一卓越项目于1846年竣工，负责人是工程师杰西·哈特利与菲利普·哈德威克。凡是见过19世纪60年代阿尔伯特港样貌的人无不为之惊叹，那些对建筑学感兴趣的人，正如当时年轻的路特那般，也不得不为之深深折服。

然而，利物浦还有许多其他规模宏大且外观结构新颖独特的建筑。正如唐纳德·霍夫曼所解释的那样，1864年的利物浦“堪称19世纪最具特色的建筑典范”。其中，“1843年的不伦瑞克大楼，是利物浦除工厂与仓库之外最早的办公大楼”。而“最早的火车月台遮雨棚”可追溯至1830年，它曾是乔治·史蒂芬森的王冠街火车站的一部分。这个火车站是利物浦至曼彻斯特铁路线上利物浦段的终点站，它与曼彻斯特的利物浦路火车站同日开通，二者共同成为世界上最早的城际客运站。1836年，这座位于市中心边缘的火车站因承载力不足而被莱姆街站所取代，这项壮举一定为路特所知。1864年，莱姆街站经过延伸扩展，也拥有了一个巨大的月台遮雨棚。这个于1849年完工的遮雨棚由熟铁肋拱打造，出自传奇铁匠理查德·特纳之手。特纳曾于1844年建造了伦敦皇家植物园邱园的棕榈温室，彼时他就已经将熟铁大量运用于建筑结构之中，开创了此类建构方式之先河。漫步在利物浦城中心的街道，路特一定看到了许多配有内院、采用新颖材料与建筑方法的办公大楼。其中最引人注目的当是于路特抵达利物浦那年落成的位于沃特街的凸窗大楼，以及利物浦库克街16号住宅——“这些奇特的建筑”，霍夫曼描述道，“是小彼得·埃利斯设计的……由厚玻璃板与铸铁建成”，它们应该给路特

"留下了难以磨灭的印象"。[29]凸窗大楼与库克街16号住宅的设计元素在后来路特自己的设计作品中均有所体现，看起来，它们确实对路特产生了影响（虽然有待证实）。而在二者之中，凸窗大楼似乎是更为重要的那个。它由铸铁框架构成，铺设石质表面，上面刻有古朴雅致的花纹装饰，比如布满几何纹路的哥特式犬牙板条，以及古典的檐口纹饰，这么做是为了使建筑与周边的古迹完美融合。砖砌拱形结构支撑着上方的楼层，使大楼更加坚固、防火。凸窗大楼大量使用了厚玻璃板，这在当时还是个新鲜事物。这些厚玻璃板安装在大楼上，或者说大楼的凸窗上。它们投射出的景象延展到了长长的石料堆砌的码头之外。在庭院中，建筑风格更加激进，因为它的主立面大部分为玻璃，丝毫未经古典装饰物修饰。这是一次朴素无华的功能主义的伟大胜利，是"幕墙"创作的先驱典范：建筑物的主立面与大楼主体结构相分离，除了承受自重外，并不具有其他结构上的功能。竣工于1866年的库克街16号住宅背面也设有一面幕墙，更壮观的是还有一座全玻璃材质的圆柱形楼梯塔。这件极简主义的作品虽简洁无华，在当时却也称得上惊世骇俗。

纽约

路特在利物浦待了将近两年。1866年6月，他被召回美国。他的父亲直到战后也没有重返亚特兰大，可能是被蹂躏成废墟的城市对他缺乏吸引力，也可能是战时的长期缺席让他变得不受欢迎。西德尼去了能让他继续赚钱的地方。到1866年，路特一家已在纽约扎下了根，而这座蓬勃发展的城市自然成了他的新家。事情变化得很快，到1866年9月，路特已经进入纽约市立大学攻读学士学位，成为一名土木工程专业二年级的学生。这是当时可选的最接近建筑学的专业，1866年的美国还没有开设建筑学院，1865年，新成立的麻省理工学院才任命了第一位建筑学教授，这位先驱就是亨利·范·布伦特教授，师从理查德·莫里斯·亨特，他们对路特后来的建筑生涯产生了重要影响。

这动荡的两年对年轻的路特而言一定是段特殊的时期——从"亚特兰大之围"到美利坚联盟国的解体，从利物浦到纽约以及在这两座制造业发达、商业繁荣的港口城市所接受的教育。芒罗在她的传记中并未详述这一阶段，但暗示说，路特在纽约的生活也许并不那么稳当牢靠、无忧无虑。她说，西德尼·路特"生活穷奢极欲，投资经营不善，万贯家财迅速散尽，速度比他赚钱时要快得多"[30]。路特确实大发了一笔战争财，但是这笔被诅咒的财富也在北方的经济中心纽约市消散无踪了。

不过，芒罗确实讲述了一个极具启发性的有趣故事。她声称，在纽约的同学面前，约翰·路特"从不讨论"美国内战。这也许不足为奇，他当时的大学同学多是生在北方、支持联邦的。正如芒罗所言，路特"自然是与他的南方家园心心相印的"。但是，他可能也注意到要言行审慎。虽然"他同情南方"并有强烈的爱国之心，但他当时并未像许多同龄人般为南方的事业而战。然而，至少有一次，路特打破了他惯常的沉默，表露出对南方的忠心，或者说他克服了自己的羞耻感。路特当时的同学罗伯特·W. 哈斯金斯向芒罗讲述了这个故事："一天傍晚，祷告后坐在教堂管风琴旁边……他的手自然地在琴键上找寻一首熟悉的旧曲。突然间，他找到了。他喜上眉梢，转向站在他身旁的人，弹起了家乡的歌《迪克西》(*Dixie*)。我们静默不语，深受触动，因眼前这个如离巢而出的云雀般的灵魂而震颤。”

内战结束后没过几年，路特在北方的堡垒中又演奏起叛军的国歌《迪克西》，显然仍旧满怀激情。这件事也说明他在择友方面甚是幸运：他的朋友们感动于他“忍受战败痛苦”的方式，并未指责他在深爱的南方陷落前的几年逃往沃拉西乡间避难的行为。[31]

1869年，路特以班级第五名的成绩毕业，并于同年以无薪学徒的身份进入纽约建筑家伦威克与桑兹的建筑设计事务所。小詹姆斯·伦威克在1869年的威望主要建立在两座由他设计的建筑之上，顺应欧洲哥特复兴的潮流，这两座建筑优雅大胆，充满活力：一座是位于华盛顿特区的中世纪城堡风格的史密森学会大厦，建于1847—1855年间；而另一座是坐落于纽约第五大道的圣巴特里爵主教座堂。这座恢宏浮华、双螺旋样式的罗马天主教堂始建于1858年，直到1879年才竣工。像所有大型工程项目一样，圣巴特里爵主教座堂设计建造的全过程对于伦威克的年轻学徒而言，一定可以作为某种非正式的建筑教育。然而，路特仅在伦威克与桑兹的建筑设计事务所工作了大约一年，就改投J. B. 斯努克门下，因为斯努克同意支付给路特少量薪水。考虑到西德尼·路特日益加剧的财务困难，毫无疑问，薪水是急需的。[32]

斯努克1815年出生于伦敦，在纽约生活多年，他的成就远不如伦威克那般引人注目，路特很可能没能在他身上学到多少东西。因此，在芒罗的传记中读到路特“在纽约的事业因芝加哥大火戛然而止”时也就不足为奇了，那场灾难为建筑师们创造了一个绝佳的机会。这座城市作为铁路末端与交通枢纽，连接美国重要地区，铁路网遍及广阔疆域，经济发达，发展迅速，闻名遐迩。当时，有三分之一的地区被毁，中心地带9平方千米范围之内化作一片焦土。

火灾发生两周之后，路特写信给一位亚特兰大的朋友说：“芝加哥需要我。”他给彼得·邦尼特·怀特发去一些草图，这位成功的纽约建筑师自己也刚刚搬去芝加哥，希望能因这场大火而受益。路特也许认识怀特，但他显然更了解怀特的建筑作品：1863年，怀特设计了知名的国家设计学院。这座威尼斯哥特风格的建筑从威尼斯总督府与英国建筑史学家、评论家约翰·拉斯金的著作中汲取了创作灵感。也许路特钦佩怀特在其于1863年协助创立的“艺术真理进步协会”中的作品或扮演的角色，[33]而怀特对此的回应是向路特伸出手，邀请路特就职于他与亚瑟·卡特、威廉·德雷克共同开办的建筑设计事务所。“于是，路特怀揣300美元以及一公文包的实验性设计图纸作为资本，起程向西进发，自信满满，了无牵挂……”[34]

* * * * * *

芝加哥：1871—1891

大约在1871年11月上旬，约翰·路特初抵芝加哥，彼得·怀特让他去做制图员。在卡特－德雷克－怀特建筑设计事务所工作的第二年，路特遇到了年长他几岁的丹尼尔·哈德森·伯纳姆，当时的伯纳姆同样在这里找到了一份制图员的工作。后来他回忆起自己对路特的第一印象："当时他站在一块巨大的绘图板前，袖子挽到胳膊肘。"此情此景立刻让伯纳姆对路特产生了好感："他的肌肉线条分明，显得孔武有力，肌肤如婴儿般嫩白，还有他那率真的微笑与坦诚的举止都吸引着我。最终我们成了亲密的好伙伴。"[1]

1873年，两人正式合伙成立了建筑设计事务所，开始了合作伙伴关系。芝加哥大火之后的重建掀起了一股城郊建筑热。伯纳姆认识一些投机商人，他们"同意推进郊区建设"，在那儿"规划一座新城"，要让火车站、学校、商店一应俱全。正如芒罗所言，投机商们"不想走建筑上的老路"，所以就许诺以工程项目委托金的5%作为酬劳，以此吸引来伯纳姆－路特建筑设计事务所的两位"青年才俊"。二人接受了挑战，投身于这项事业。[2]这次冒险成功了。在接下来的18年里，伯纳姆与路特的公司不仅在芝加哥的建筑行业遥遥领先，还在世界舞台上占据了一席之地。

促使他们成功的因素很多，但最根本的是这对合伙人在不同影响的作用下，利用新兴技术打造出了能反映当时商业雄心与艺术追求的建筑风格，特别是还在其中融合了芝加哥的独特气息。与大多成功的合作关系一样，这种融合是基于两个截然不同却又相得益彰的创作天才的强强联合。路特的直觉极其敏锐，充满强烈的浪漫主义艺术气

约翰·路特（图右）与丹尼尔·伯纳姆，摄于1890年的卢克里大厦办公室，当时正值二人合作的巅峰期。

息，对音乐、诗歌与设计造诣颇深。用芒罗的话来说，他拥有“创造意识与才能天赋的完美结合”，这使他成为“行业里的新兴力量”，[3]而伯纳姆有着其他方面的天赋。后来发生的事情表明，他对经商颇有一套。伯纳姆善于促成协议、处理建筑设计行业必须面对的实用性问题与复杂的现实状况。因此，伯纳姆与路特的合作就像是产生了“等离子效应”，而这正是路特发挥自己的特长、为自己的创意赋形、致力于自己的事业所必需的条件。[4]然而，一开始伯纳姆在自己选择的建筑设计事业上摇摆不定，他的发展并非一帆风顺，甚至还有些壮志难酬。1846年，他出生于纽约州的亨德森，后来去往芝加哥发展，在建筑师威廉·勒巴隆·詹尼的建筑设计事务所谋到了一份差事。这份工作待遇一般，所以他又试着做些其他营生，可是全都失败了。伯纳姆只能又回到建筑设计的老本行上来，在1872年应聘进入卡特、德雷克和怀特的建筑设计事务所。

与许多小型建筑设计事务所一样，伯纳姆与路特的事务所在刚起步阶段接到的委托都是规模偏小、五花八门的。但很显然，各式各样的建筑工程委托使二人得以磨炼自己的技艺，并与芝加哥上流社会和商界人士搭上了线，取得了宝贵的人脉资源。早期的委托包括1875年建成的位于交易大道的联合牲畜围栏场大门，从这个颇具仪式性的大门进去，就是占地面积巨大的芝加哥各色屠宰场与肉类加工包装区。路特将这个屠宰场大门设计成古怪的哥特式风格，并在大门正上方的醒目位置雕刻了一个硕大的牛头，原型是一头叫作谢尔曼的获奖公牛。鉴于内战时期路特在亚特兰大因另一个谢尔曼而承受的创伤，这样的设计似乎有些奇怪。但事实上，这只是路特对约翰·B.谢尔曼的一种愉快的恭维。这位谢尔曼是当时联合牲畜围栏场的主管，也正是他决定雇用这两位年轻的建筑师来设计大门。能得到这位在芝加哥叱咤一时的风云人物的青睐，对二人来说可是好事一桩。正如埃里克·拉森解释的那样，谢尔曼“是这个血腥屠宰帝国的统治者，25000名男男女女、大人小孩受雇于他。他们每年屠宰的动物可达1400万只之多”，芝加哥有五分之一的人口直接或间接地以此为生。[5]

利害关系重大的两桩婚姻

事实上，联合牲畜围栏场大门并不是谢尔曼委托给伯纳姆与路特的第一个建筑工程。早在1874年，他就已经聘请二人在草原大道21街为他建造一处宅邸，结果很成功。芒罗形容它为“革命性、具有划时代意义的”[6]。这不仅为伯纳姆赢得了一位有权有势的新客户，还让他遇到了未来的妻子。施工时，谢尔曼的女儿玛格丽特经常来到工地——显然更多的是为了看伯纳姆，而非她日益完善的新家。后来，玛格丽特与伯纳姆顺利订婚，并喜结连理。但是在那之前，伯纳姆却不得不请求谢尔曼的宽恕。二人缔结婚约之后爆出了伯纳姆的哥哥一直在伪造支票的事情，对于这对刚订婚的男女来说，此事也许会是致命的丑闻。伯纳姆提出取消婚约以保全谢尔曼的名誉，免得他受牵连。谢尔曼却说，这样的绝望之举没有必要，因为“每个家庭都有一匹害群之马”[7]。谢尔曼很清楚自己在说什么，因为数年后，他就抛弃了妻子与家庭，与一个朋友的女儿私奔，逃到了欧洲。

在建造谢尔曼的住宅时，伯纳姆遇到的不只有自己的妻子，还有将于19世纪末成为美国建筑行业最具创造力的中流砥柱之一的路易斯·沙利文。沙利文1856年出生于波士顿，是一名天资聪慧的建筑专业学生，曾在麻省理工学院受训一年。后来年轻的沙利文和许多人一样，被遭遇大火重创之后蕴含着巨大建筑机遇的芝加哥吸引而来。最初他也在威廉·勒巴隆·詹尼的手下做事，虽然伯纳姆也在那里工作过，但显然伯纳姆与沙利文并不是在詹尼事务所相遇的，因为沙利文在他去世的那一年（1924年）出版的自传中回忆了自己与伯纳姆命运般的初遇。当时他只有18岁，地点是在芝加哥的某个郊区。书中沙利文装腔作势地用第三人称指代自己，他描述道：

他脑子里充满了野心勃勃的想法。在起程前往巴黎之前，一次偶然，他经过芝加哥草原大道21街。他的目光被一幢即将竣工的住宅吸引，这宅邸明显比其他类似结构的房子好很多。某种吸引力，或者说是某种风格，彰显出了它的个性。这是他在芝加哥见过的最棒的住宅设计。

当他走近，打算细看房子的时候，沙利文“注意到一个长相英俊的年轻人……站在车道上，注视着眼前正在建造的作品，陷入全神贯注的冥思”。路易斯省去客套与寒暄，不拘礼节地做了自我介绍。“他得到了坦诚热情的回应。那人说听过年轻的沙利文，很高兴见到他，他叫伯纳姆，然后明显很自豪地宣称：‘我的搭档是约

伯纳姆与路特建造的传统风格住宅：（左图）1874—1876年建成的位于南草原大道的约翰·B. 谢尔曼住宅与（右图）1882—1883年建成的位于南密歇根大道的安妮女王风格的西德尼·肯特住宅。

翰·路特，一个奇迹般的天才，一个伟大的艺术家。’”

沙利文在对自己与伯纳姆初次见面情形的描述中暗示后者是个话痨。看起来，伯纳姆不假思索地说出路特与他“几年前刚开始创业”，到目前为止他们“做过的大多是住宅”，面前的这幢房子是为他“未来的岳父约翰·谢尔曼”所建，谢尔曼是“一个大屠宰场主”——毫无疑问，沙利文肯定听过。“但是，”伯纳姆明确宣称，“我不会满足于设计住宅的。我想干一番大事业，接大活，和大商人打交道，盖真正的大楼。”这句话引起了沙利文的警觉，因为他觉得自己更像是一名艺术家，而非经商的建筑师。但是，就初次会面的情形而言，沙利文只是提到他“觉得伯纳姆是个多愁善感的人，是个梦想家，是个有着坚定不移的决心与强大意志力的男人……有点自大，有点神秘”。由此，沙利文、伯纳姆与路特三人之间长期爱恨纠缠、充满竞争且日益紧张的关系的序幕被揭开，最终对三人的建

筑设计风格都产生了巨大影响。[8]

芝加哥屠宰场也让约翰·路特遇到了他的发妻。他为屠宰场会长约翰·沃克设计了一幢住宅，没过多久就娶其女玛丽为妻。伯纳姆的求爱过程被他哥哥的诈骗蒙上了阴影，而路特的恋情却受到了死亡的威胁。二人订婚后不久玛丽就染上了结核病，且病情急转直下，但他们还是结了婚，约翰的传记作家哈莉特·芒罗的姐姐朵拉是婚礼上唯一的伴娘。仪式在路特亲手设计的家宅中举行，婚礼有些让人毛骨悚然。新娘苍白孱弱，大家都看得出她已奄奄一息。哈莉特·芒罗当时也在场，她不禁感到玛丽试图显得"兴高采烈……可她看起来就像一个珠光宝气的骷髅"[9]。不到6周——"在喜悦与痛苦中"——玛丽就去世了。[10]两年后，路特娶了之前婚礼上的伴娘朵拉为妻。埃里克·拉森说得很对，路特与朵拉的结合一定让哈莉特非常伤心，因为哈莉特"毫无疑问地"爱着路特。她在1896年为路特撰写传记就是明证，上面满是溢美之词，"会让天使看了脸红"。[11]另一项证据是她那本名为《诗人的一生》(*A Poet's Life*)的回忆录。在书中，她将路特与姐姐的婚姻描述成"如此完美，以至于我关于幸福的幻想在他们身上得到了印证，我得有同样的幸运才能修得如此圆满，我无法接受略逊于此的安排"[12]。然而哈莉特从未能找到一个能达到路特般标准的男人，因此终身未嫁。

伯纳姆－路特建筑设计事务所的另一个早期项目要追溯到1882年，那是由路特设计的位于芝加哥南密歇根大道的肯特住宅，至今尚存。它采用深受英国唯美主义运动影响的安妮女王风格，是折中主义的经典之作。住宅古色古香，仿照17世纪朴实闲适的英国经典建筑设计。路特曾经在妻子与小女儿的陪伴下游历了英法两国，他们到访了伦敦、切斯特、牛津、坎特伯雷、巴黎、亚眠与鲁昂，不过这是1886年夏天的事情。[13]那么，在1882年，路特是从哪里了解到当代英国建筑的呢？毫无疑问，他是从书中看到的，也许他也曾与旅行者交谈过，但是，可能还有另一个潜在的消息来源。

奥斯卡·王尔德在北美

1882年1月，奥斯卡·王尔德抵达纽约，并在接下来的半年时间里开启了他在美国、加拿大的巡回演讲之旅。这是一件极具挑战性的事。王尔德只有一些有限的演讲话题，但他将要在北美的大城市与边远地区的中心地带演讲“超过150次”，真是一场非凡的冒险。关于这次巡回演讲的概要，包括演讲主题与当时相关的新闻报道，均被记录在一个设计精美的小册子里，如今被整整齐齐地安放在大英图书馆的一个小盒子中。

这本脆弱又短命的小册子很可能作为一份促销“文学”在王尔德的授意下印发，因为他需要为继北美之后即将在英国开展的系列演讲做好宣传，所以借此机会招揽生意。这本小册子名为《奥斯卡·王尔德先生的演讲：1883—1884》（*Mr Oscar Wilde's Lectures, Season 1883-84*），由考文特花园的欧·诺曼家族公司印刷出版，其中特别宣传了王尔德不久后即将在利兹做的一场演讲。小册子阐明了王尔德的地位，它宣称，自1881年王尔德的著作《诗集》（*Poems by Oscar Wilde*）发表——他在日益壮大的唯美主义运动中所占据的重要地位被正式确立之后，他就计划“投身于公共演讲事业”。

很显然，王尔德想借自己的新名声捞到更多的好处，现在的他可是一位引起轰动、前卫有趣、充满艺术气息的人物。在1882年的时候，挖掘自己的商业潜力被他看作头等大事，因为王尔德“几乎耗尽了继承来的遗产，急需资金”[14]。

唯美主义运动

到1882年，王尔德已然成为公认的唯美主义运动的领军人，而唯美主义运动的起源又是复杂多样的。从本质上说，它是许多设计改良派对19世纪中期盛行于英国住宅的室内设计风格的反抗，这种设计风格空洞浮夸，以对各种历史隐喻进行无意义的堆砌为特点。掀起这场运动的人有艺术批评家与理论家约翰·拉斯金、有作为如今的维多利亚和阿尔伯特博物馆重要创始人之一的亨利·科尔、有阿尔伯特亲王本尊，还有欧文·琼斯。琼斯出版于1856年的《装饰法则》(*Grammar of Ornament*)可以称得上是历史上各种经久不衰的装饰图案的储藏库，旨在为当代英国设计师提供参考，激励他们在该书的基础上找出一种独特的英伦风格。牛津大学学者沃尔特·佩特对唯美主义运动的发展也具有特别重要的意义，他自19世纪60年代后期发表的艺术批评与历史著作造诣颇深，发人深省。

在佩特的影响下，唯美主义运动中那些更加激进的支持者鼓吹为艺术而艺术的理论（这一信条实则来源于19世纪早期激进的法国口号“l'art pour l'art”，据说出自哲学家维克托·库辛之口）。这一理论认为，美是高于一切的存在，比任何现实与道德的考量都重要。同时，“为艺术而艺术”推崇的是受日本艺术启发的极简主义与简洁明了的设计风格，鼓励利用动植物群图案作为装饰语言，典型的代表是：镀金雕花、向日葵图案、非写实的孔雀羽以及烧有植物纹样的青花瓷。[15]

唯美主义运动看似毫无道德观念的态度，即宣扬“艺术就是激情与感觉”“艺术与建筑中的视觉美至少与主题或目标同等重要”，冒犯了许多认为所有伟大艺术均应积极向上、合乎道德的人。福音教派的基督徒对于唯美主义运动对道德的漠不关心尤感不安。

唯美主义运动的享乐主义成分主要来自沃尔特·佩特。佩特似乎已经失去了他的基督教信仰，而且在他还是牛津大学本科生的时候，他显然就已经背弃了基督教的指导原则。传统的基督教真理与教条在佩特的写作中无从得见，取而代之的是他对享乐主义的推崇，这一点在他于1873年出版的《文艺复兴史研究》(*Studies in the History of the Renaissance*)中显而易见，甚至招致了不可知论者玛丽·安·伊万斯的谴责（玛丽的笔名乔治·艾略特更为人所知，当时她因为已婚且公然与有妇之夫同居被认为是重婚而臭名昭著），她评论佩特的书“满是毒害，充满错误的原则……与错误的生活理念”[16]。

与佩特的联系给唯美主义运动附上了贪图感官享受甚至是颓废堕落的名声，或者至少在道德上模棱两可，这反而确保了它能引起王尔德的注意，且极对他的胃口。到19世纪80年代末，王尔德作为唯美主义运动享乐主义化身的地位已然确立稳固。在题为《作为艺术家的批评家》(*The Critic as Artist*)一文中，王尔德以他最简洁、最奇特的方式表达了一个唯美主义者的观点：“美学高于道德。美学是更高精神层面上的存在。辨别事物之美是我们最崇高的使命。在个体的发展

过程中，即使是对色彩的感知也比是非观更重要。”这篇文章的构思受到了佩特思想的启迪，并在发表后得到了佩特的大力称赞。[17]

对王尔德而言，北美之旅主要是一次自我推销的商业尝试，既可以通过演讲的酬金赚满钱包，又可以借此良机在大批新观众面前展示自己，而他们都是潜在的读者或赞助人。而且，这次机会也让王尔德得以结交北美有钱有势、热爱艺术的上流社会人物，他们大多是亲英派。至少对于他的一些观众而言，王尔德诙谐机智、妙语连珠、像模像样、气场十足，他的演说非常鼓舞人心。1882年1月9日，王尔德在纽约开展了题为“英国艺术文艺复兴”的演讲，作为他北美之旅的开篇。这次“演讲”，宣传册解释说，“事实上介绍了唯美主义运动在英国的历史”，解释了“这种新艺术思潮对现代诗歌、建筑、批评、文化、戏剧以及英国普通民众生活的影响”。此处宣布的系列演讲主题可谓壮志满怀。宣传册热心地提醒读者，演讲旨在“唤醒探究精神……培养艺术情趣，促进文化发展，引导人们关注真正的家庭艺术装饰”。[18]这本小册子无疑出自王尔德亲笔，大约成书于1883年年初。它还宣称，王尔德面向纽约热爱艺术的上流社会的首场演讲“得到了美国媒体或褒或讽的广泛报道，并对演讲内容进行了大篇幅转载”。

小册子也收录了几篇新闻报道，可能是由王尔德选定的。关于纽约演讲的那篇评论文章暗示这次活动实现了王尔德做梦也不敢想的成功：“纽约上流社会有头有脸的人物都到场了。王尔德先生赢

1882年1月，刚到纽约不久的奥斯卡·王尔德就委托拿破仑·萨罗尼为其拍摄了一系列不同姿态、装束古怪的肖像照，用以提高个人知名度，宣扬英国的唯美主义运动。

得了热烈的掌声，演讲结束时还鞠躬致谢。”[19]但是，评论者的议论，不管是褒是贬，都没能激起王尔德与之论辩的兴趣，王尔德为自己北美之旅设定的人物性格要求他始终对此保持漠不关心的态度。小册子告诉我们，“王尔德先生”表现出“对所有批评完全不屑一顾的态度”。通过摆出将自己及自己的作品置于一切批评之上的姿态，王尔德企图消除评论的威力，打乱攻击者的阵脚。当然，他更是想用这种盛气凌人的架势来激怒这些贬损者。

事实上，王尔德的演讲所受到的广泛宣传带来了一个意想不到的问题。媒体对演讲翔实的报道，使新观众可通过阅读文字提前得知之前演讲的详细内容。王尔德意识到，毫无悬念与老生常谈会让演讲索然无味，并因此让观众流失，必须做出改变才行。显而易见的对策就是写些新的演讲内容。大概在完成芝加哥首场演讲之后的那周休息时间里，王尔德撰写了新的演讲稿，[20]并于1882年2月13日在中央音乐厅（这座建筑早已被毁，但当时它是1879年由丹克马尔·阿德勒设计建造的知名建筑，位置非常靠近即将破土动工的瑞莱斯大厦）公开发表演讲，主题是当时众所周知的“装饰艺术”。

随后，王尔德又创作了两篇新的演讲稿——一篇关于“住宅装潢”，另一篇主题是“手工艺品的价值与特色”。虽然手边的研究材料有限，但王尔德也现编出来了，因为在之前与伦敦艺术界的朋友们——画家詹姆斯·麦克尼尔·惠斯勒和先锋派建筑师E. W. 戈德温的闲谈中，王尔德获得了许多关于新装饰风格的想法与洞见。例如，1877年，戈德温为惠斯勒在切尔西泰特街设计的名为“白屋”的私人住宅，风格极其朴实无华，以致成为街谈巷议的话题，还惹恼了那里的业主们。1884年，戈德温又为王尔德装潢了位于泰特街的住宅，这次他采用的新颖独特的风格主要受到日式设计的启发。

在新演讲中，王尔德更是直接大量地借鉴了约翰·拉斯金与威廉·莫里斯的文章与观点。此二人中的前者是英国艺术理论家，后者是设计师、小说家、社会主义者与建筑爱好者。王尔德的新演讲稿无异于抄袭，因为不能确定他（事实上也不大可能）在美国大众面前坦陈了自己所述观点的来源。尽管如此，许多美国人还是通过王尔德的演讲初次接触到了拉斯金与莫里斯的一些关于艺术、工艺与生产方式方面的更为激进的观点。正如盖尔与霍斯金斯所观察到的那样，王尔德在芝加哥开展的关于手工艺品的演讲里“有许多内容让人联想到莫里斯在《生活的次要艺术》（*The Lesser Arts*）中所阐述的率真坦白的观点。该文最初写于1877年，在1882年时已付梓”。盖尔与霍斯金斯还指出，在“王尔德最明显的一处抄袭中，他说道：‘家中不要留下任何无法给建造者与使用者带来愉悦的东西，家中不要留下任何无用或者不美的东西。’这不仅呼应了莫里斯的观点……‘家中不要留下任何你觉得无用或认为不美的东西’（《关于艺术的期望与担忧》，1882年），而且他对于劳动的尊严还体现出一种拉斯金式的看法”。[21]

3月11日，当王尔德再次于芝加哥中央音乐厅演讲时，[22]他采用了一篇新写的讲稿。但是，当时演讲的题目已小有变化，从“住宅装潢”到“住宅美化”，这一变化意义重大。演讲题目的变化十分有趣，也很能说明问题。盖尔与霍斯金斯解释道：“王尔德关于室内装修的演讲题目在‘住宅装潢’……与‘住宅美化’之间变化，后者很聪明地反映了美国艺术评论家克拉伦斯·库克就室内装修所写的一本大获成功的指南的内容。"[23]很显然，在巡回演讲的路上，王尔德经常要凭借自己的机智，快速吸收新资讯、接受新影响，与时俱进、随机应变地调整演讲内容，以免听众感到厌倦。他大胆自信，甚至时常显得屈尊纡贵，这样的演讲风格掩饰了内容中的诸多漏洞，以及他本人对演讲主题的一知半解。

王尔德的这种天赋一点也不让人感到意外。他知道自己就是一件精美的艺术品，因此可以想见的是，他的演讲就是原汁原味的唯美主义运动的表演：风格与表现手法远比纯粹的事实，抑或对演讲内容真正的了解重要得多。正如盖尔与霍斯金斯所发现的，演讲中提供的实用建议"是他仓促地从拉斯金与莫里斯的作品中搜刮来的，王尔德自信满满地提供的这些建议一点也不重要，（因为）当时他自己一点关于家居装潢的实际经验也没有"[24]。

有趣的是，为王尔德的演讲提供了主题与借鉴内容的克拉伦斯·库克的书本身就有一段奇特的衍生史，这本出版于1878年的名为《住宅美化：床、桌凳与烛台随笔》（*The House Beautiful: Essays on Beds and Tables Stools and Candlesticks*）的书也只不过是收录了库克自1875年起发表于《斯克里布纳月刊》（*Scribner's Monthly*）上的系列文章的合集罢了。库克是拉斯金的学生，也是1863年成立的美国真理进步协会的联合创始人之一。这个协会是美国版本的英国拉斐尔前派兄弟会，后者在1848年由深受拉斯金作品影响的但丁·加百利·罗塞蒂及其他画家与诗人创立。库克的书，旨在向美国大众介绍唯美主义运动的一些重要原则。很显然，这正是王尔德的老本行。这本在他的巡回演讲开始之前就在美国本土出版了的书一定让王尔德有些头疼，因为它很可能抢先讨论了王尔德要谈及的内容，抢了他的风头。但是，另一方面，也许王尔德离开英国时还没听说过这本书，即便他听说过，可能也只是面带不屑地将其斥为意在盗用英国唯美主义运动观念的“粗鄙”尝试罢了。

可能就连这书名也得罪了王尔德，“住宅美化”这个说法与沃尔特·佩特有关。库克书籍的架构样式似乎参照了查尔斯·伊斯特莱克爵士的《家具及室内装饰细节琐谈》（*Hints on Household Taste in Furniture, Upholstery, and other details*）一书。该书1869年出版于英国，1872年在美国面世。伊斯特莱克是一位颇具影响力的博学大家，极力推崇英国的哥特复兴运动。但是，从年纪上看，他几乎可以算是王尔德上一辈的人。因此，1882年，王尔德也许不假思索地认为这本直接受伊斯特莱克影响写成的书必然有些老土。但当时果真如此的话，那么到3月份的时候，王尔德显然改变了主意。他开始觉得库克和他的书有些意思，以致最终盗用了库克的书名作为自己新演讲的题目之一，而库克本人对此事的看法不得而知。

王尔德的巡回演讲揭示出他的机会主义倾向，他善于盗用别人的观点，甚至是语言本身，并加以改头换面，让这些观点看起来新颖独特，装作这些解颐妙语均出自他的机智、他那自我标榜的天赋与原创力。有一次，当王尔德宣称他希望自己也能像刚刚发言完毕的詹姆斯·麦克尼尔·惠斯勒那样妙语连珠时，据说惠斯勒对王尔德说：“你会的，奥斯卡，你会的。”如果这个故事是真的，那么很显然惠斯勒是了解王尔德这个人的。

在1883年的小册子中，有对王尔德关于“住宅美化”演讲内容的总结，这使演讲内容听起来至少有一部分类似于那场“英国文艺复兴”演讲。我们了解到“住宅美化”演讲的“大部分内容解释了真正的室内外艺术装潢原则的运用”，王尔德在演讲中详细地介绍了“全方位艺术家装的各个要素”，向人们提供了“详尽的配色设计与艺术装潢的方案，彼此相得益彰”，还发表了“对于房屋与街道的风格及装饰的观察、艺术氛围对孩子的影响、将手工艺品作为教育基础的价值”等看法。[25]小册子中的描述看起来证实了库克、伊斯特莱克以及莫里斯对王尔德的影响，不禁让人怀疑王尔德的演讲内容和目的在多大程度上与上述三人的观点重合。

虽然王尔德这次演讲的内容部分是抄袭的——几乎可以说是衍生的，但他的演讲风格富有戏剧性，魅力四射，让人觉得气场十足，给观众留下了极深刻的印象，上座率喜人。5月29日，王尔德在加拿大安大略省伍德斯托克做了一场同样的演讲，其中一名叫作玛丽·安·蒂尔森的听众，被王尔德，或者说是经王尔德改头换面的伊斯特莱克、莫里斯或库克的观点深深吸引，立刻着手将自己新建成的住宅内部装修成王尔德所宣扬的唯美主义风格。后来，这栋位于安大略省蒂尔森堡的房屋——现名为安南戴尔历史遗迹——成为加拿大最引以为豪、受人喜爱的19世纪本土住宅之一。[26]很显然，王尔德的话语能激励或感动他的一些观众，促使他们取得卓越的艺术成就，也许同样的情况也发生在芝加哥。虽无记录明确表明路特或伯纳姆参加了王尔德于3月11日举办的演讲，但有可能，而且很可能他们二人之中的某一位去听了这次演讲。《芝加哥新闻报》(*Chicago News*) 报道了王尔德在芝加哥的一次演讲，并被收录进宣传册中。报道说，欢迎王尔德的观众“举止端庄，对王尔德表示赞赏，（而且）人数众多”。如果当时是路特出席了王尔德在芝加哥的演讲，那么也许这次活动的确对路特后来的一些作品产生了影响，至少让路特坚定了之前的信仰——自然是开启建筑之美与结构之坚的钥匙。

当然，还有另一种可能：在芝加哥那一周左右的时间里，王尔德见过路特与伯纳姆。如果条件允许的话他们也许碰过面，但并没有关于这一会面的记录。如果王尔德确实见过他们，那他会看过他们的什么作品呢？他们又对王尔德的思想产生了怎样的影响呢？1882年初，伯纳姆与路特的重大建筑成果还未诞生，已有的只是些诸如安妮女王风格的肯特大宅之类的业已完工或尚在构思中的住宅。也许，当王尔德还在芝加哥的时候，伯纳姆与路特正在设计二人的第一座商业高楼——蒙托克大厦。但是这座朴实无华的办公大楼不大可能激得起王尔德的兴趣，也不会引发他关于“住宅美化”的思考，虽然这幢建筑既前卫又迷人。

一方面，王尔德的巡回演讲对他的北美观众产生了重大影响；另一方面，它也深深影响着王尔德本人。事实上，这是王尔德自出生以来最重要的经历，它甚至还塑造了王尔德未来几年的身份与外表：这从1882年1月初，王尔德请摄影师拿破仑·萨罗尼在纽约联合广场的摄影室为他拍摄的一组肖像照中可见一斑。这些照片是经过深思熟虑后刻意摆拍的，费尽心机地想要凸显出王尔德作为环游世界的唯美主义先知令人惊叹的个人风格。从这种意义上说，他们的合作十分成功，二人共同为王尔德打造了一个经久不衰、别具一格、让人过目难忘的形象。简而言之，这些照片是最好的自我推销，是创造了我们今天称之为奥斯卡·王尔德“品牌”的基石。

可能更有趣的是，它们代表了王尔德终其一生挑战被他视为缺乏思考力的传统表现形式的决心。在萨罗尼拍摄的组照中，王尔德梳着中分长发，身着巨大的毛皮边大衣（那是特意为北美之旅定做的。惠斯勒觉得很可笑，揶揄说王尔德最好将其归还给戏服出租商，因为很显然他是从那里借来的），戴着一顶又大又软的帽子，还披着长长的斗篷。

王尔德在这组照片中所着的服饰也揭示出他这次北美巡回演讲的起因及主要目的之一。他为萨罗尼的拍摄所准备的服装，包括一套因吉尔伯特与沙利文的喜剧《耐心》（*Patience*）而闻名于世的“诗人”装束——天鹅绒上衣与背心、马裤、长筒袜和浅口便鞋，就像剧中人物班瑟尼所穿的那样。1881年4月，在伦敦首演的《耐心》讽刺了唯美主义运动的肤浅与造作，鞭挞了所有的花花公子与唯美主义者。通过班瑟尼一角——一个荒唐可笑、自以为是的诗人，穿着打扮与言谈举止看起来像是唯美主义运动的忠实支持者与花花公子的合体——这部讽刺剧取笑了包括阿尔杰农·查尔斯·史文朋、但丁·加百利·罗塞蒂与詹姆斯·麦克尼尔·惠斯勒，当然还有王尔德本人在内的一众美学家。

机智的机会主义者王尔德渴望作为艺术家扬名，但也不介意臭名昭著，他很乐意借《耐心》的宣传为自己造势。这出戏剧的幕后制作人理查德·多伊利·卡特觉得让王尔德去美国不失为一个好主意，因为此举可以激发人们对该剧的兴趣，让潜在的观众了解英国唯美主义运动的细微之处，也能让他们切身感受一下这位被戏剧嘲笑的对象的可笑之处。被《耐心》当作笑柄之一予以调侃的王尔德丝毫未觉受到冒犯，相反，他大方地接受邀约，于1881年12月下旬起程前往美国，开始了他的巡回演讲。他欣然按照《耐心》中刻画的人物形象来装扮自己（正如萨罗尼的照片中所展示的那样），模仿了喜剧里对自己的戏仿，或者更准确地说，王尔德满心欢喜地仿效着自己的仿制品，因为看起来班瑟尼在剧中的穿着的确受到了王尔德衣着的启发。王尔德在牛津大学读书时——毫无疑问是在公开场合——偶尔会那么打扮自己。正如盖尔与霍斯金斯所指出的那样，马裤与天鹅绒上衣，实际上是王尔德于1875年2月就读的牛津大学中共济会阿波罗分会的装束。[27]解开王尔德的服饰密码显然并非易事。

毫无疑问，王尔德希望通过刻意的厚颜无耻（比如在抵达纽约后，他对海关官员说，除却天才，他别无他物需要申报）、奇装异服、神气活现，有时甚至是荒诞谈吐，经由媒体的报道为自己赢得公众的关注，讨得北美艺术界领军人物的欢心。因此，萨罗尼拍摄的照片在某种意义上就是纯粹的广告，是为戏剧与王尔德所拍的宣传剧照。

1883年4月，王尔德让拿破仑·萨罗尼为他拍摄了第二组照片。这样看起来，他在1882年举行的巡回演讲在本质上就是一场以华衣美服当作宣传噱头的自我推销。第二组照片拍摄于王尔德回到纽约监制他的戏剧《薇拉，或虚无主义者》（*Vera; or, the Nihilists*）* 期间。他的头发以一种奇怪的方式飘扬着。这次他没披斗篷、没穿马裤，而是系着夸张的领巾，穿着天鹅绒外套、法兰绒长裤，戴一顶平顶硬草帽，拄着手杖。但是，尽管这次的装扮没有那么特立独行，王尔德仍尽其所能地使自己看起来非同凡响、充满个性。他再一次通过衣着表明自己的立场，对世俗发起挑衅。对王尔德而言，在唯美主义运动思潮的影响下，风格和造型至少是与内容同等重要的东西。因此，穿衣打扮是件大事，是他用来震惊大众、与粗鄙丑陋庸俗之辈做斗争的武器。当王尔德在1882年1月初抵达美国时，让他印象深刻的"第一件事"，据他自己后来说，"就是如果说美国人不是全世界穿得最好的，那他们也一定是穿得最舒服的"。在他的世界里这并不是赞美之词。对王尔德而言，重要的是优雅与美丽，而不是舒适。让他津津乐道的是他的唯美主义个人品牌能惊吓到，甚至他更希望能触怒那些自以为是、一本正经的无聊之辈。[28]

芝加哥"摩天大楼"的崛起

当王尔德在北美大陆播下思想之种时，路特也在以自己的方式对抗着平庸无奇、乏善可陈的世俗。虽然当时的路特忙着探索繁杂的装饰细节、雅致的安妮女王复古风格的奇特之处与新奇的唯美主义运动，但他仍没有搁置与伯纳姆共同进行的蒙托克大厦的设计工

* 这出戏剧是失败之作，并在相当程度上损害了王尔德自我标榜的精致的艺术天才形象。

1881年，伯纳姆-路特建筑设计事务所受雇在芝加哥门罗街建造的10层高楼蒙托克大厦。它采用了实用主义的设计风格。据说这是世界上第一幢被称为"摩天大楼"的建筑。

MONTAUK BLOCK

作——1881年，二人受雇在芝加哥市中心的门罗街建造一座大楼。这座大楼与建筑师之前设计的迷人的安妮女王复古式住宅风格截然相反，是为满足现代商界过高的需求而做出的尝试。这是一幢10层高的办公大楼，据埃里克·拉森所言，它是世界上第一幢被称为“摩天大楼”的建筑。[29]

出于种种原因，19世纪80年代，芝加哥成为这种新型大楼的孵化场。城市经济繁荣发展，市中心商业区需要扩建，但土地面积却受到诸多限制。北面与西面有芝加哥河，东面是密歇根湖，南面又有铁路站场，因此“唯一的路就是向上”，结果就是芝加哥在摩天大楼发展方面占据了领先地位。[30]

简而言之，具有开创性的芝加哥摩天大楼就是内外部主要由防火金属框架支撑的多层建筑。支持这一建筑形式的理论最早来源于18世纪末工业革命时期欧洲的磨坊、工厂与仓库。这种建筑每层都设有砖砌“平拱”，旨在使建筑结构更加坚固牢靠，相对耐火。有个早期的案例，1796年由马歇尔、贝尼昂与贝奇在英国什鲁斯伯里镇的迪特林顿设计建造的亚麻加工厂就采用了铸铁框架与砖砌外墙。路特在利物浦那几年，一定对这种建筑样式的后期案例非常熟悉，其中就包括于1846年落成的著名的阿尔伯特港仓库。与传统建筑不同，事实上，与早期金属框架结构的大楼也有所不同的是，最开始摩天大楼表面的“皮肤”只需承受其自身的重量，即砖石外立面的自重。砖石外墙附在承重的金属框架上，但在结构上独立存在。建

马歇尔、贝尼昂与贝奇在英国什鲁斯伯里镇的迪特林顿设计建造的亚麻加工厂的内部。工厂于1796年建成，创新地使用了将铸铁支柱与大梁内嵌于砖砌承重外墙的建筑结构。

筑外墙不再承担主要的结构功能，因此可以承载巨大的窗户，这样既增加了大楼的采光，又为大楼住户增强了窗外景观的观赏体验。

与许多早期的高层建筑一样，蒙托克大厦也采用了混合结构。它有着金属框架，但框架嵌在承重砖砌墙体之内。大厦已经于1902年被拆毁，因此结构框架的精确成分也就无从考证，但它极有可能是钢制的，并掺杂了少量熟铁与铸铁。一方面，蒙托克大厦利用了深植于功能主义工业传统之中的建筑结构；另一方面，大楼表面设计朴实无华，所有的窗户（一、二楼的除外）无不形状相同、大小一致。整座

楼的装饰仅限于一个简单的顶部檐口，以及一个两层楼高的拱形入口。这样的设计主要是囿于大楼开发商彼得·沙登·布鲁克斯三世的严格限制。布鲁克斯三世是个来自马萨诸塞州的年轻投资人，以航运保险业务发家致富。在19世纪80年代的芝加哥，要想让建筑大楼的利益最大化，就意味着需要把办公楼建造得尽可能高，至少对布鲁克斯来说是这样。这需要节约成本，在建筑设计上尽量简洁，把功能当作检验一切的标准。对他来说，大楼就应该高大、精简、适用，别无其他。正如拉森解释的那样，布鲁克斯"发出的指令早于许多年后路易斯·沙利文著名的训诫：形式永远追随功能，'大楼各处均应为功能，而非为装饰而建……大楼之美在于完全适用'"[31]。如此严苛的要求，也许本身是明智的，但却让布鲁克斯的建筑师们深感受挫，他们觉得自己对创造性的追求被过分限制了。

伯纳姆与路特遇到布鲁克斯的方式体现出了火灾之后芝加哥商界的特点。1879年，路特参加了一个聚会，并在那里认识了一位教养良好、游历甚广的年轻律师，名叫欧文·F. 奥尔迪斯。他出身于佛蒙特州的律师世家，与布鲁克斯、伯纳姆和路特一样，他也被1871年的大火灾吸引到了芝加哥。路特与奥尔迪斯相谈甚欢，直到凌晨才分别。后来，奥尔迪斯回忆说："从没人像路特那样能如此迅速地给我留下那么深刻的印象。"[32]

奥尔迪斯最重要的一项工作就是向有钱的客户与开发商推荐有作为的建筑师（看起来，他自己就是一名商业地产投资人），而且他

芝加哥家庭保险公司大楼。由威廉·勒巴隆·詹尼设计，于1885年落成，据说是世界上第一座全金属框架建筑。

把推广摩天大楼也作为自己的一项业务。他这么做不仅仅是因为芝加哥地皮有限，正在推动商业建筑纵向发展。正如唐纳德·L. 米勒所解释的那样，奥尔迪斯成功地说服了其他投机商相信建造高层建筑可以带来高额利润，因为摩天大楼“使人们在芝加哥做生意更容易，比在伦敦更方便。在伦敦，人们要浪费许多时间在杂乱无序的城市里从一家公司跑到另一家公司。他们走进破旧的大楼，爬上陡峭的楼梯，最后来到狭小昏暗、尘土飞扬、臭气熏天的办公室”[33]。因此对奥尔迪斯来说，摩天大楼天生就具有商业优势，因为它们能够以一种高效的方式将不同的企业集聚在同一栋大楼里，这种规模

坐落于芝加哥南迪尔伯恩大街上的曼哈顿大厦正面照（上图）及细节处的鬼面装饰（右图）。大楼由威廉·勒巴隆·詹尼设计，于1888年建筑完成，是现存的全世界最早的全钢铁框架高楼。

效应有利于提高生产率。

与路特会面次日，奥尔迪斯就给他和伯纳姆带来了一份工作委托，委托人是阿莫斯·格兰尼斯。后来，他们在迪尔伯恩大街建成了一幢7层高的办公大楼，名为格兰尼斯大厦。伯纳姆－路特建筑设计事务所的事业由此起飞。正如伯纳姆后来写的那样："我们的创意此时开始显现……格兰尼斯大厦是一个奇迹，所有人都跑来看，它是这座城市的骄傲。"[34]事实上，这座大楼以砖块与陶板构成外部立面，内部则采用铸铁立柱与细木予以支撑，这种建筑方式相当传统，在很大程度上，这也是它于1885年2月毁于一场大火的原因。[35]在之后的1881年，根据奥尔迪斯的引荐，布鲁克斯请伯纳姆与路特设计蒙托克大厦。

大厦在1883年竣工之际已经具备150间独立的办公室，300名工作人员在完全相同的空间内辛勤劳动。楼里配备两部电梯负责运送人们上下，它们对大厦的正常运行至关重要，因为电梯是使高楼生活成为可能的关键性技术创新之一。电梯、升降机、"上升间"或者"飞行椅"的概念就和阿基米德或者希腊的起源一样久远，但直到

1852年，它才成为一项切实可行的主张。当年，伊莱沙·奥的斯在纽约发明了“安全电梯”，并在里面安装了一个制动器，以防缆绳突然断裂致使电梯间坠落，制动器的安装使奥的斯电梯非常安全可靠。在蒸汽与水力系统改进后，电梯成为当代建筑史上被人日益熟悉的部分。奥的斯电梯于1853年在纽约举办的“万国工业博览会”上进行了展示，结果大获成功，载誉而归。1857年，第一台奥的斯乘客电梯被安装在位于纽约百老汇488号的E. V. 霍沃特大楼里，这幢5层楼高、钢材表面的商场经营着瓷器与玻璃制品。

实用的造型、极少的装饰与现代技术的运用，使蒙托克大厦成为名副其实的最新精良机器，服务于由员工驱动的资本主义。它也是一种经济体系的有形化身，正在将芝加哥的商界变成一个巨大的账房。

由于蒙托克大厦的高度以及具有重复性与实用性的设计风格，加之它是芝加哥第一幢大量使用钢铁作为结构框架材料的建筑，托马斯·塔尔梅奇这位曾在20世纪初效力于伯纳姆的芝加哥建筑师宣称，“蒙托克之于商务高楼，恰如沙特尔之于哥特式教堂，均开创业界之先河”[36]。蒙托克大厦的创新之处中比较奇特的一点在于它的地基。哈莉特·芒罗说，作为大楼业主之一的奥尔迪斯反对最初提出的地基建筑方案。他觉得，按传统方法建造的地基需要使用巨型石礅，将严重阻塞地下室与地面层，而且给安置发电机留下的空间也会很小。[37]拉森宣称，关于地基的异议实则出自大厦委托人布鲁克斯，他担心芝加哥建筑中传统的地基设计——将石块垒成座座金字塔状以分散载荷，由每个金字塔顶支撑起一根承重柱——会使高楼变成一座巨大的金字塔，而地下室会“变成石礅砌成的吉萨金字塔群”[38]。

按照路特的弟弟沃尔特的说法，奥尔迪斯的疑虑，或者说是布鲁克斯本人的怀疑，导致路特就蒙托克大厦的基脚“亲自进行了计算”，重新考虑了地基与地下室建造的基本原则。[39]路特想到了一个主意：用旧钢轨做桩，外包混凝土层防锈。路特称，这样桩就足够结实了，而且结构支柱也会更细，这样建地基会比传统方法更快更省钱。工程师们认可了路特的计算，这个新方法在应用后获得了巨大成功，以至于它得以成为“格排基础”地基结构的雏形，并被伯纳姆－路特建筑设计事务所用于后来在芝加哥兴建的大型建筑项目上。

蒙托克大厦是摩天大楼日臻完善的标志，是即将到来的摩天大楼时代的体现，但它的传奇生命却因灾难的降临不幸戛然而止。似乎从一开始，蒙托克大厦就让人们的观点具象化，同时又使人争论不休。哈莉特·芒罗讲述的故事非常能说明问题：在去世前不久，路特曾与一位潜在客户进行过一次面谈。“那好吧，路特先生，”那位明显拿不定主意的人说道，“我非常喜欢您大多数的建筑，但我真心不喜欢蒙托克大厦。”此人明确表示他不希望路特把自己的楼设计成那样，但又担心会冒犯到建筑师。然而，很显然，路特对这样的指责早就习以为常。“（他）把手放在批评者的肩上，用足以让对方感到十分震惊的声音高呼道：‘我亲爱的先生，谁会喜欢那该死的设计呢？’”[40]

芝加哥建筑学派

爱也好，恨也罢，蒙托克大厦无疑是即将到来的事物的先兆，是后来被称为芝加哥建筑学派的重要先锋之作。这个学派的成就包括由一群以芝加哥为大本营的建筑师从19世纪80年代初一直到20世纪初设计的大量建筑，这些建筑几乎均为商用建筑。这个学派的另一个名字，也是它初期的名字，事实上就叫作商业学派。学派的作品是钢铁框架、砖石外壳的高层建筑（经常使用防火的陶板与砖石），设计风格通常相对简朴，在形式与组织上更注重功能性。钢铁框架不仅允许大楼内部拥有开放式、灵活多变的空间以满足商业需要，还通过削弱外墙的承重作用，使装载更大的窗户成为可能。由此，还演化出一种独特的窗型设计——“芝加哥窗”。它功能性强，由中间固定的大块玻璃与两侧狭窄的可上下拉动的滑窗构成，可制成扁平或凸肚两种形状。这种宽大的三重玻璃窗使阳光涌入室内，也向大楼内部展现了户外的美景。它开创了大型玻璃“幕墙”的先河，成为20世纪现代主义的重要特征。

这些主要特征不仅使芝加哥学派的建筑成为20世纪现代主义中功能主义理念的重要先驱，也以一种十分有趣的方式暗示了19世纪60年代利物浦的商业建筑，尤其是小彼得·埃利斯的凸窗大楼对其产生的影响。考虑到路特在芝加哥学派发展史上所扮演的关键角色，以及19世纪60年代后期他在利物浦的生活经历，这一联系实属意料之中。

卢克里大厦

1886年，伯纳姆与路特设计建造的卢克里大厦，简直是为芝加哥学派的发展做出了又一巨大且独特的贡献。这座大厦堪称二人多年合作生涯的卓越之作。它位于南拉萨尔大街，建筑风格非凡超群，大部分设计工作又是由路特操刀完成的。大楼庄严冷峻，功能性极强，从平面设计到空间布局都彰显出芝加哥学派之精髓，是最初的现代主义作品，但它的外观仍旧点缀着历史气息浓郁的装饰细节，残留着浪漫主义甚至表现主义的痕迹。

这座11层的大楼构思巧妙，是传统灵感与现代潜力的完美融合。它再次采用了钢铁框架与砖石承重外墙，以及大面积的玻璃窗。但是，还没等到卢克里大厦竣工，芝加哥已经喜获一座开创性的大楼，这座大楼无疑对之后的建筑设计产生了不可避免的影响。1885年，伯纳姆曾经的老板威廉·勒巴隆·詹尼完成了10层高的家庭保险公司大楼（后于1890年加高至12层，于1931年被损毁）。它坐落于拉萨尔大街与亚当斯大街的交会处。家庭保险公司大楼，在某种程度上说，是全世界第一座全金属框架结构的大楼。包括蒙托克大厦在内的早期建筑都是金属框架与砖石外墙架兼有，而家庭保险公司大楼则改革性地运用了熟铁与钢铁混合的全金属框架结构。一般而言，大楼外部的石制品只起到装饰作用，但家庭保险公司大楼的划时代地位因石材的运用而受到了损害，至少是被影响了。它大量使用了砖石支柱，才能为建筑物金属框架的承重功能提供极大的补充。

然而，数年后（1888年），詹尼用位于芝加哥南迪尔伯恩大街上16层高的曼哈顿大厦解决了这一在结构方面不够明晰的问题。这座大厦的主结构采用钢铁框架，虽然其外依旧包覆着厚砖石包层，雕刻着历史主义细节装饰。这种情况在当时十分普遍，却也揭示出一个奇怪的典型现象，即当新兴技术到来时，它总是会被隐藏，甚至会被否定，并且还要仿效过时工艺，以旧貌示人。正如哈尔伯所解释的，诸如詹尼、伯纳姆与路特等建筑师，“最初在展现钢铁框架固

伯纳姆－路特建筑设计事务所设计的卢克里大厦正门细节展示出石材与陶板混合的装饰特点。

有的细长形态与格栅状特质时显得犹豫不决。因为，他们担心这会使大楼看起来‘脆弱’或者显得‘单调’”，因此“许多早期的摩天大楼外面包裹着厚重的砖石表皮，因为这能表达出先前普遍使用的承重墙结构建筑手法”。[41]

虽然外形上存在模棱两可之处，但曼哈顿大厦仍是现存的全世界最早的全钢铁框架结构的高楼。可以说，世界上第一座忠实呈现金属框架的大楼应该是1886—1889年间由霍拉伯特与罗奇在芝加哥

于1886年完工的卢克里大厦的主立面由伯纳姆与路特操刀设计。无论是在结构上还是功能上，这都是一栋极为前卫先进的建筑，但其立面外观却采用了融合历史风格装饰的折中主义设计。

设计建造的塔科马大厦（于1929年被拆除）。这座13层高的大厦将新颖材料的运用与创新建筑方式的实施作为它的主要“装饰物”。其外观只在极小程度上以砖石与陶板包覆，细长的钢铁框架（首次使用铆钉固定）得以显露无遗，也为大胆地铺设大型窗户提供了可能。尽管承重墙支撑着建筑物内部，但其主立面堪称真正意义上的幕墙，因为它们除负担自重外，不具备任何承重功能。

这些建筑物开创了无限可能。埃里克·拉森观察到，詹尼是首个在摩天大楼设计中“将结构上的承重任务从外墙转移向钢铁框架的人”，而且“伯纳姆与路特意识到詹尼的创新解放了建筑者，使他们可以不再拘泥于海拔上最后的物理限制”。[42]简而言之，熟铁与钢铁框架结构的固有强度意味着，从19世纪80年代中期开始，至少在理论上，“建筑物的高度似乎将不再受限，窗户面积也会尽可能地变大”[43]。

当伯纳姆－路特建筑设计事务所开始设计建造卢克里大厦时，詹尼前卫的设计思想还未完全显露，事实上都还没有完全成形。直到1889—1990年，位于芝加哥亚当斯大街上10层楼高的兰德·麦克纳利公司大楼（于1911年被拆除）建成时，伯纳姆－路特建筑设计事务所才首次将全钢铁框架结构应用于高层建筑之中，并创新性地使用防火陶板作为包层材料。

虽然一些关键性的革新在未来的几年内才发生，但在卢克里大厦，仍然可见路特对创新性与前瞻性思考的热爱。大厦地基和蒙托克大厦一样使用钢轨做支墩，又与横梁相结合，创造出一种外包混凝土

位于芝加哥北拉萨尔大街，由霍拉伯特－罗奇建筑设计事务所设计的塔科马大厦。大厦建于1886—1889年间，展示了大窗与极简包层的潜力。

DANCING
SCHOOL

的“悬浮”地基，这是另一项工程成就。这种“格排基础”系统，在本质上，是用钢筋混凝土支墩撑起钢筋混凝土厚板。这是为在芝加哥臭名昭著的沼泽土壤上建造重型高楼而精心设计的建筑方式。

虽然地基的建造方式富有创意，但卢克里大厦的外表几乎就是一个怪异的、缀满传统装饰图案的折中主义集合体。在寻求原创装饰语言时，路特参考了摩尔式、拜占庭式、威尼斯式与罗马式风格，然后将它们全都整合在一起，形成一种严格对称、堪称罗马古典主义的装饰风格，用于大楼正面，成果确实极富创意。细节设计如此繁复，以至于它除了是一座独特的建筑物，还像是一件艺术品。但是，它又过于奇特怪异、天马行空，因而无法作为一种可行的原型。在同一幢建筑上混合不同建筑风格的做法，在19世纪中期至晚期的设计界是一大禁忌，这样的举动显然志在创新。将相近的风格加以融合，比如把古希腊与意大利的古典主义风格放在一起，也许行得通，但极少有人如此尝试。而且，几乎没人能在尝试混合截然不同的风格时得到极高的评价，比如哥特式与古典主义。因此，本着完全的折中主义精神，卢克里大厦的窗户分组排列，上方是彰显早期文艺复兴或罗马式风格的半圆形拱门。位居建筑正面正中央的凸出部分上，有一个低矮的石拱入口，极具特色地装点着叶片图案与巨大的罗马风格石雕。拱门之上，居于大楼主立面正中间的楼层外墙装饰图案奇特混杂、种类繁多。较低楼层上的宽大玻璃窗同样排列整齐，向外凸出的部分极少。而大厦最上端，在那个设计大胆的檐口之上矗立着许多如16世纪清真寺般样式的尖顶。

率先尝试实践卢克里大厦所展现出的一些奇怪建筑特色的是路

易斯安那州的亨利·霍布森·理查森，他对中世纪早期的欧洲罗马式风格进行了强有力而个性化的解读，把繁复的细节设计、圆形拱门与轴对称性的协调运用结合在一起。路特一定知晓理查森早期一件广为流传的作品，即于1877年完工的波士顿三一教堂。毫无疑问，理查森做出的同样令人振奋的建筑贡献还有两座：其一是于1867年开工，直到1886年仍在建的位于美国纽约州首府奥尔巴尼的纽约州议会大厦；其二是落成于1883年的纽约州奥尔巴尼市政厅。后者没有严格遵循对称原则，因为设计师在大楼一角增建了一个巨大的钟楼，如此一来整个设计就因融入了一丝哥特式的非对称性风格而变得柔和。

但是，对路特来说，在空间位置上更接近他的是由理查森设计建造、在芝加哥城中占据整整一条街的马歇尔·菲尔德商店。这座7层大楼建于1885—1887年间，它线条粗犷，体积庞大，匀称整齐的程度让人感到惊奇。大楼融合了罗马式建筑与文艺复兴时期豪华宫殿的范式。这座商业建筑中的杰作于1930年被拆除，但它当时一定在某些细节设计与形式方面启发了路特，而且在1886年大楼即将完工之际，它所呈现出的姿态更是激励着路特去努力超越。卢克里大厦繁复纷杂的细节可以看作对几乎朴素无华的罗马式与文艺复兴式的复制品——马歇尔·菲尔德商店大楼的继承，更是对它的一种猛烈反击。

可以说，卢克里大厦意欲表明自己的立场，指明现代建筑的前进方向是在张开双臂拥抱新技术的同时，将历史融入其中，从而确保开创性的建筑结构保留来自过去的文化渊源。这似乎与当时建筑界的一场伟大辩论相契合：如何建造一座地道的19世纪晚期建筑，让它和之前的建筑一样，能够定义其所在时代精神的创造力与原创性——正如哥特式建筑之于中世纪，以及古典建筑之于意大利文艺复兴时期。路特似乎充分意识到，创造一种基于历史的、富有强大生命力的现代建筑是在智力与艺术造诣方面的一项巨大挑战。重复几百年前曾经很成功的、毫无矫饰且富于创意的事物，可能到头来画虎不成反类犬。问题是，如何让历史起死回生，如何赋予古老建筑风格以当代内涵？

关于这一点，哈莉特·芒罗引述了一场颇具意义的演讲——路特在一群建筑行家面前发表的演讲。他观察到，"'时代'与'风格'

都很好”，但他接着指出，当有某个风格值得模仿时，“它的内在精神总是与它盛行的那个时代紧密相联。因此，风格无法完好地留存”于现代的副本之中。[44]路特当然是对的，但是，对他以及他那一代人来说，不能就这么放弃挑战，而是应该像寻找“贤者之石”的炼金师那样，不断尝试各种组合与融会之法，让过去复活，让过去与当下发生联系。卢克里大厦就是这样的一种实验。它的建筑师想必认为这个实验很成功，因为伯纳姆与路特把他们的事务所搬到了卢克里大厦12楼，将这座建筑作为对他们的才华的展示。

卢克里大厦的存在还涉及另一个相对独立却也与这一切密切相关的话题，这个问题长期以来困扰着18世纪和19世纪的建筑学理论家——什么是建筑，什么仅仅只是建筑物？显然，二者的本质有着重合的部分，但也有些有趣的区别。建筑显然旨在清晰地表达一种诗意的目的——一种美，一种象征。这超越了简单的功能；然而建筑物可能就只是实用的庇护所而已。2000多年前，罗马建筑家维特鲁威对此做过清晰明了的解释：建筑物，要想有资格成为建筑，不仅得够“坚固”“实用”，还得给人以“愉悦”。换言之，就是要具有诗意的美感。*

由于新兴技术在建筑中日益广泛的应用，以及以芝加哥学派为代表的群体对功能主义的推崇，建筑与建筑物之间的边界更加模糊，

---

* 马尔库斯·维特鲁威·波利奥在其于公元前30年左右发表的著作《论建筑》（*De Architectura*）（或《建筑十书》，*Ten Books of Architecture*）中，将之称为“坚固、实用、美观”。

位于芝加哥北国家大道上的马歇尔·菲尔德商店大楼，由H. H. 理查森设计，建于1885—1887年间。它是商业宫殿的建筑典范，在当时具有相当的影响力。

也使这个问题的解决愈显迫切。通过卢克里大厦，路特清晰地表明了自己的立场——建筑物可能只是一个现代的技术奇迹，但是，在结构上添加装饰之后，建筑物就被赋予了美感与内涵。如果装饰物经过精心挑选、合理使用的话，那么这种美感也可能成为真正伟大的存在。

奥古斯都·W. N. 皮金为这个问题的解决提供了一条线索。他在1841年审视被其奉为典范的哥特式建筑风格说，“所有的装饰都应是对建筑主体结构的丰富与完善”，在“纯粹”的建筑中，“即使是最小的细节也应有意义、有目的”。[45]诚然，路特必会从这些话语中获得灵感，一如他从约翰·拉斯金于1849年出版的《建筑的七盏灯》(*Seven Lamps of Architecture*)的“牺牲明灯”一章中了解到建筑

的定义后深受启发那样。对拉斯金来说，“建筑不仅为人体提供了居所，还对人的精神产生了影响”，而且建筑是“装饰由人建造而成的建筑物之艺术，它让建筑物悦人眼目……或者因添加了一些无实用价值的特色而显得高贵体面”。为了进一步说明这个问题，拉斯金以实用的防御工事为例解释道：“谁都不会认为规定矮防护墙的高度，或者决定堡垒位置的规则具有建筑学上的意义。但是，如果在堡垒的石料立面上添加一个不必要的特征，比如嵌线之类，那就是建筑了。”[46]因此，简而言之，对拉斯金及其信徒——比如路特——而言，建筑就是在最基本的建筑结构之外添加的、在实际上“无用的”、在功能上“不必要的”装饰。也许富有历史底蕴与艺术技巧，这样的装饰使粗鄙的建筑物上升到建筑的高度，赋予结构美与内涵。理解这一观点是揭开卢克里大厦看似自相矛盾的面纱的关键，如此才能了解大楼那大胆露骨、几近工业风的结构与繁复的传统装饰物是如何达成协调统一的。

卢克里大厦奇异矛盾的本质最夸张的表现在于，位于大楼中心由路特建造的那个宽大的开放式天井。这样的设计可以使自然光最大限度地射入大楼深处。大井最底部两层的上方架设了一个金属与玻璃材质的顶棚，壮观的“日光庭院”由此诞生。庭院中，建筑结构展露无遗，廊台与雕刻精美、蜿蜒而上的楼梯极具观赏性。应用于卢克里大厦的其他元素还包括一段花纹繁杂、复古典雅的玻璃楼梯，灵感来源似乎是19世纪60年代中期小彼得·埃利斯为利物浦库克街的一间

卢克里大厦中的“日光庭院”由伯纳姆–路特建筑设计事务所建造，后由弗兰克·劳埃德·赖特于1905年重新装饰。

办公室所设计的楼梯。最初，庭院装饰物繁多复杂且色调偏深，但到了1906年，路特那已经显得过时的用色与设计细节被弗兰克·劳埃德·赖特完全改变甚至抹去了。

聘请赖特改造庭院实属激进之举。19世纪80年代末，赖特一直效力于阿德勒－沙利文建筑设计事务所，对芝加哥建筑界了如指掌。但到了1906年，他已开始背弃历史主义建筑风格，转而投入日益壮大的草原学派门下。这个学派推崇不断趋向极致的简洁与大胆的几何图案。本着这种精神，赖特开始了对卢克里大厦“日光庭院”的改造。通过金白两色油漆的使用与对视觉装饰的简化，他让“日光庭院”变得更加明亮、更显轻松。赖特对路特的“日光庭院”大刀阔斧改造的另一个原因，可能是他的旧主阿德勒－沙利文与伯纳姆－路特这两家建筑设计事务所素来不睦，而他对伯纳姆－路特事

务所的建筑作品如此粗暴对待也许是场迟来的复仇。

沙利文对阵伯纳姆

沙利文与伯纳姆－路特建筑设计事务所的结怨似乎源于芝加哥会堂大厦。1887年，阿德勒－沙利文建筑设计事务所击败了伯纳姆与路特的事务所，拿下了会堂大厦的大型建设项目。当大厦在1889年落成时，它成了全美规模最大的建筑物，兼具歌剧大厅、剧院与旅馆等多重功能。赖特当时是阿德勒－沙利文事务所的一名学徒，负责室内细节设计。因失去会堂大厦这个著名委托工程而引发的失望之情显然让路特愤愤不平，以至于后来当他看到会堂大厦的早期设计图时，有些不怀好意地说，看起来沙利文又要“用装饰物污染另一个建筑表面了”[47]。

然而，两家设计所之间，尤其是沙利文与伯纳姆之间的敌意早已闷燃多年。路易斯·沙利文晚年写了一本略显阴郁的自传，记叙了他职业生涯的衰退与持续多年的酗酒问题。在这本自传面世时，伯纳姆已赢得了二人之间旷日持久的竞争的最终胜利，在美国建筑界占有举足轻重的地位。因此，如果想把沙利文的自传看作历史文献的话，需慎之又慎。说到底，沙利文是个失意人，但他对伯纳姆与路特的观察，或多或少，肯定还是有些真实成分的，可以看作是对哈莉特·芒罗所著的那本路特传记的有益补充，毕竟芒罗的传记中涉及对伯纳姆与路特二人的描述多为不加批评的溢美之词。由于沙利文在自传中经常把恶意的批评包裹在赞美的糖衣之中，他的真

卢克里大厦内，雕刻精美、蜿蜒向上的釉面砖楼梯。

实意图有时就难以辨别。但是，可以明显看出，相较于伯纳姆，他谈及路特的内容占据了更多的篇幅。

在1874年偶遇伯纳姆之后，沙利文直到“大概是……80年代初”才遇到路特，然后“渐渐开始和他熟络起来”。像芒罗一样，沙利文也为路特身上显而易见的特质所倾倒。他立刻就“被路特的人格魅力所吸引”，路特“机警敏锐、拥有灵光闪现的大脑”“极强的幽默感”，以及他作为“一个机智灵敏、多才多艺、有教养的男人，周身自然地散发出儒雅之气”。但是，沙利文也话中带刺地说，路特不仅“急于理解观点，更急于占用它们”，而且还“非常虚荣”。沙利文话锋一转，冷嘲热讽地说路特是“一个世俗的人，一个有欲望的人，也是一个相当邪恶的人”。他“追求的目标永远是……成为赞美的焦点”，表现出一种“对成为第一人的狂热爱好”。因此，他“就像小孩握住新玩具不放一般，攫取着新玩意儿”。这些特点，沙利文解释说，使路特“十分可悲，经不起奉承”。

然而，“在这些肤浅的愚蠢举动之下”，沙利文“看到了一个有能力的男人……对他有信心，很高兴将他作为一个潜在的对手来激励自己”。同时，沙利文也承认，路特的突然离世让他感到“深深的空虚与迷茫”，因为“路特有能力变得伟大”。另一方面，在沙利文看来，伯纳姆则一心想着赚取名声。“自大狂伯纳姆痛苦地学说大商人的行话，在自己的轨道上坚定不移地前行着，他只关心最大、最高、最贵、最能引起轰动的东西。”沙利文十分尖刻地评价伯纳姆“笨拙、不讲策略、口无遮拦”。他还提到，奉承是伯纳姆的一件重要武器。起先，看到伯纳姆向被选定的目标挥动这个武器时，沙利文“对伯纳姆的厚颜无耻感到无比惊奇，但当他看到对方听完奉承后笑逐颜开的样子时，就更为震惊了。伯纳姆的方法虽然简单直接，但却很有用”。

沙利文试图总结概括他与伯纳姆之间矛盾冲突的本质，把它放在宏观的建筑、人性与政治框架下思考。他写道：“有两家事务所在芝加哥建筑界日益声名显赫，那就是伯纳姆－路特与阿德勒－沙利文……伯纳姆痴迷于具有封建色彩的权力这个概念，路易斯·沙利文也同样痴迷于有益的进步观点，即民主权利。前者选择了容易的那条路，而后者选的路更难走。随着时间的流逝，沙利文亲眼看着丹尼尔·哈德森·伯纳姆慢慢成长为一个超级商人。”关于路特，沙利文担心即使他没有因过早死亡而提前结束奋斗，也会因“如此放纵，以至于可能永远无法发挥自己的潜力”。

当沙利文写下这段毁人名誉的评语时，伯纳姆已去世12年了，因此他无法为自己辩护。但更重要的，也更让沙利文感到难堪的是，伯纳姆在1912年去世时，被认为是杰出的美国建筑师，而D. H. 伯纳姆公司已成为全世界最大的私营建筑设计事务所。相比之下，阿德勒－沙利文建筑设计事务所早已于1894年土崩瓦解，原因是严重的财务困难以及建筑工程委托项目的匮乏。在接下来的20年间，沙利文的事业一直在走下坡路，最后落得没生意可做的地步。伯纳姆具有商业倾向的、敢想敢干甚至不关心道德观念的建筑理念，在他那句名言“不要做小计划，它们没有激发斗志的魔力”[48]中可见一斑。伯纳姆的思想后来占了上风，至少在短期内如此。

伯纳姆－路特建筑设计事务所与会堂大厦的建设施工项目失之

交臂之后，不幸接踵而来。事务所为堪萨斯市设计的一家旅馆在施工时倒塌，导致一人死亡、多人受伤。在法医调查之后，伯纳姆不得不前往法庭，因为大楼的设计方案被认定为可能导致悲剧发生的原因之一。正如拉森所提及的："在他的职业生涯中，伯纳姆第一次面对公众的指责。"[49]伯纳姆一点都不开心，但刚毅的品格使他坚忍不拔、保持缄默。在给妻子的信中，他写道："必定会有非难……我们会以一种简单直接、有男子气概的方式承担起来……"[50]这就是19世纪末的绅士法则。重要的不是发生了什么，而是作为一个男人如何去应对。伯纳姆－路特建筑设计事务所没有被对他们能力的质疑所影响（或者很快就从中恢复了），没过多久，两位建筑师就接手了一项在某些方面堪称他们最惊人的建筑创造的工程。

摩纳德诺克大楼

位于芝加哥西杰克逊大道的摩纳德诺克大楼是路特负责的倒数第三座重大建筑。他对大楼建筑所做的贡献因他于1891年1月突然离世而被无情地斩断了。但是，看起来，他当初为大楼所做的设计仍将其引导向了成功的终点。当大楼在1891年竣工时，它的设计在当时的美国堪称惊人卓越。这座共17层、约合60米高的大楼内置商店与办公室。大楼采取复合结构设计，在钢铁框架外包承重砖墙以支撑上方楼层。这样的楼高，与蒙托克大厦一样，是19世纪末芝加哥的房地产经济学对建筑高度不断追求的结果。它也是一个可被论证的实例。当时，对以往建筑的测量数据显示"极限建筑"（当时对超高大楼的称呼）只能建到"16层，约合60米高……如果使用当前的建筑材料的话”[51]。

摩纳德诺克大楼的独特之处在于，它是在追求大楼高度最大化与建楼利益最大化两股合力的共同驱动下，诞生的一座造型简洁且因此造价低廉的大楼。伯纳姆与路特对这样的建造方式既不感到陌生也不觉得吃惊，因为蒙托克大厦就是如此建成的，而这次的委托人仍是由布鲁克斯家族与欧文·F. 奥尔迪斯所组成的地产开发商团队。但是这一次，对于毫无功能性的装饰，布鲁克斯与奥尔迪斯并不希望尽量减少，而是想要完全去掉。在19世纪90年代的市中心想要建起这样一座大楼，的确是个令人惊奇的提案。

也许早在1885年，摩纳德诺克大楼的设计图已经摊在伯纳姆－路特建筑设计事务所办公室的制图板上了，但肯定是直到1889年，路特才再一次成为首席设计师。大楼的计划高度与庞大外观让路特给它起了个“巨无霸”（Jumbo）的外号。显然，它将成为一个城市巨人，但路特想要确保它不会变成一个城市怪物。他面临的头号麻烦，至少在最初，就是那个名为奥尔迪斯的男人。据哈莉特·芒罗所言，奥尔迪斯“掌控着投资款项”，“而且一再要求建筑师们简之又简。他否定了一两张路特的草图，觉得它们都太过华丽了”。也许正是奥尔迪斯坚持要求使用承重砖块建造大楼外壳，因为这个方案最省钱，尽管这意味着要花费大量劳工成本将厚重的砖块运到高达60米的地方，而这又是一座相对纤细狭长、占据了市中心街区很大一部分的楼。客户对砖块的坚持也许是路特将拟建的大楼称为“巨无霸”的另一个原因：那些将被用于建筑的砖头是红灰色的，这让大厦的表面看上去就像那头著名的同名大象的皮肤。

路特与奥尔迪斯之间就大楼装饰物的多少的论战，以路特为期两周的休假宣告结束。路特的缺席给永远的实用主义者伯纳姆提供了打破僵局、加快工程进度的机会。为了迎合客户——对大多富有商业头脑并野心勃勃的建筑师而言这是必要的，伯纳姆"命令（他的）一名制图员为'巨无霸'设计一个直上直下、外表硬朗、毫无装饰的立面"。毫无疑问，当路特休假回来时感到十分"愤怒"，声称这样的设计无异于一个巨大的砖头盒。但路特虽不是伯纳姆那样的实用主义者，他仍是一个务实的人。而且更重要的是，他喜欢挑战。因此路特没有耍艺术家的脾气，而是选择勇敢应对摆在面前的这个建筑难题。这个问题在本质上就是如何将一个实用的砖头盒变成一座富于诗意的、具有人文意义的建筑。

当然，历史已经给出了答案。大楼砖石表面的承重作用意味着接近地面的墙体得比高层的砖更厚才行，因为底层需要承受更大的重量。大楼主立面的厚度增加会让侧轮廓看上去是"歪的"，换言之，大楼底部略微外倾，这使路特有机会将问题以极具创造性的方式转变成优势。他对奥尔迪斯说他想到用埃及塔的粗斜线条作为设计蓝本，而且他认为他能"抛弃任何外观上的修饰性细节"[52]。事情也确实如路特所说般发展了。芒罗说，路特把一张设计图交给了事务所的工头：不久他又画出了施工图纸。据这位工头说："看起来像大写字母'I'——十分简洁的建筑，底部与檐口向外弯曲。"芒罗评论说，这是"最终设计的萌芽"。根据她的记载，数年后大楼

约翰·路特为摩纳德诺克大楼最初绘制的一幅设计图，时间也许早在1885年。注意素雅的新埃及风格装饰细节以及略呈喇叭形的顶部——这个构思大约在1889年大楼的最终设计阶段进行了拓展。

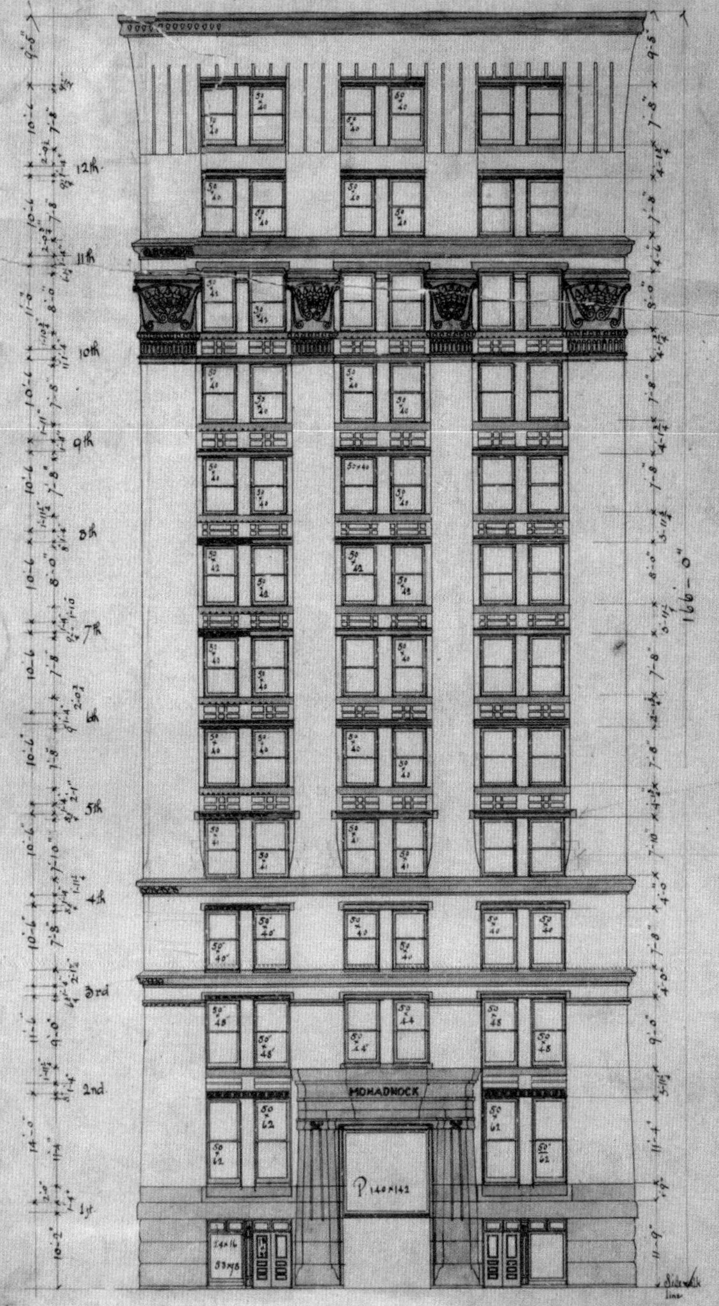

Jackson St. Elevation. —

Monadnock Block. —

Scale: 1/8 inch – 1 foot. —

Burnham & Root, archts. —

建成时，评论家们对它“在设计上的价值”褒贬不一。一些人惊异于建筑表面竟毫无传统意义上的、使建筑物外观优雅大方的装饰物，从而宣布这“根本算不上建筑”；而另一些人感受到了大楼的开创性精神，称其为“最好的高层办公大楼”。[53]

如今，当访客走进摩纳德诺克大楼的楼梯井，看到按照设计原貌修复的建筑内部时，可能会对它无甚装饰的名声感到惊诧。大楼的外部设计确实简洁朴实，有如雕塑般雅洁崇高，且如今它以拥有世界上有史以来最高的承重砖墙而闻名；但是，大楼内部的走廊却很有氛围，装饰细节相对复杂。因为大楼平面窄长，走廊上通常又无日光直射，所以有些昏暗，因此大楼内部走廊上使用了外罩精美灯饰的低功率电灯照明，这是此项技术在芝加哥应用的首例。大楼的天花板简单地饰以镶板，楼梯精美雅致，雕工繁复，蜿蜒而上，这也是最早在建筑结构中使用铝材的案例。

摩纳德诺克大楼于1891年竣工，芝加哥因此发生了本质上的变化。大约同时，同样由伯纳姆－路特建筑设计事务所操刀的共济会大楼落成了。它坐落于伦道夫街与国家大道的交角处，部分高达21层，在当时被称作世界上最高的建筑。这两座大楼大胆的高度无疑使一些人联想到了《圣经》中的巴别塔，巴别塔体现着人类的雄心，似乎连上帝都惊动了——这两座大楼的惊人高度也促使芝加哥出台了限制楼高的规定，以确保之后兴建的摩天大楼高度不能超过这两幢目空一切的建筑，这个限制直到20世纪才被解除。

1891年，伯纳姆－路特建筑设计事务所设计建造的摩纳德诺克大楼正式竣工。大楼设计简洁，宏伟壮观。与早期设计方案从埃及装饰风格中汲取灵感不同，这座大楼中古埃及元素的运用体现在埃及塔状的外形上。

COSMOPOLITAN TOURS CO.

瑞莱斯大厦的初期工程是约翰·威尔伯恩·路特在这一生中从事的最后的设计工作。毫无疑问，瑞莱斯大厦破土动工时，共济会大楼与摩纳德诺克大楼即将落成，可以说它最终成了这二者对极端高度的追求的牺牲品。包括夹楼层与顶楼在内，瑞莱斯大厦仅有16层高，这很可能是因为民怨日起，越来越多的政客与民众公然反对将芝加哥市中心变成高楼林立的地方所做的妥协。但这并无大碍，因为这些使瑞莱斯大厦最终获得重要国际地位的设计者志本不在楼高。

摩纳德诺克大楼刚落成不久，很快就开展了二期扩建——整体风格保持一致，但设计明显更加精美。然而，负责这次扩建的不是伯纳姆事务所，而是芝加哥建筑师霍拉伯特与罗奇的事务所*。1893年，二期工程完工，摩纳德诺克大楼就此成为当时世界上规模最大的办公楼。

但是，到1893年，伯纳姆心里仍有着其他想法。1890年，他已经是世界上最伟大的展出的导演；1893年，他成为美国建筑史上举足轻重的人物之一，一家战果辉煌的大公司的决策者。但是，如果这些发展都走向错误的方向，他的建筑事业很可能就此终结。

* 1914年后，因约翰·威尔伯恩·路特之子小约翰加入并成为合伙人，该事务所更名为霍拉伯特－路特建筑设计事务所。

芝加哥共济会大楼由伯纳姆-路特建筑设计事务所设计，于1891—1892年间建成，1939年拆除。它奇特地杂糅了历史形态与重复的现代构造。建筑内部包括办公室与位于上层的供共济会使用的会堂。

TEMPLE

4

* * * * * *

“白城”

在极不寻常的情况下，瑞莱斯大厦的建造于1890年拉开序幕，后来成为19世纪美国建筑史上非同凡响的一项壮举。此项目背后的策划人，威廉·E.黑尔，是1871年大火后协助芝加哥重建的实业家与开发商群体的领头羊。1882年12月，黑尔拿下了即将建造瑞莱斯大厦的地皮，包括当时地皮上面那座已有的建筑，即一幢建于1868年的5层楼高的砖石结构银行（它是该地区少数几座在火灾中幸存的建筑物之一）。到了1890年年初，黑尔已启动了在那块地皮上建造一幢十五六层高的商业大楼的计划，这个目标雄心勃勃。当时人们普遍认为，在芝加哥臭名昭著的沼泽土质上可能建起的大楼最高只能达到16层，即约60米高，因此黑尔的目标是让它尽可能地建得更高。但他仍有一个问题需要解决：在这幢诞生于1868年的5层砖石结构的楼房中，有些租户的租约仍还有4年的有效期限。不过这点问题对如黑尔这般富有创意、野心勃勃、热衷牟利的人来说，并不妨碍他马上开始新楼的建设。

《芝加哥越洋报》(*Chicago Inter Ocean*)1890年3月2日刊载的一篇报道称，黑尔将“以一种新奇的方式”“升级”他现有的大楼。[1]“新奇的方式”包括在旧楼租户仍使用大楼大部分空间的情况下开建新楼。这个方案之所以可行，是因为大楼的一楼与地下室恰好是空置的。具体做法是，用螺旋千斤顶支撑并举起大楼的上部楼层，拆除、重建现有的地基、地下室与一楼，最后在此基础上建起新的大楼。正因为这项高难度操作进展顺利，大楼上层租户才得以在施工期间继续正常营业。负责这项工程的建筑师是约翰·威尔伯恩·路特与他的搭档丹尼尔·伯纳姆。1890年年初，路特为黑尔的新楼设计出了地基、地下室与地面层的建造方案。他可能也绘制了整幢大楼的设计图，即使果真如此，如今这份设计图也已经遗失了。

得益于钢铁框架的帮助，1895年3月落成的瑞莱斯大厦达到了当初预想的高度，美国建筑界也因此发生了彻底的改变。在瑞莱斯大厦延长的工期中，美国建筑界的变化主要发生在两条阵线上。在19世纪90年代中期，最明显也最重要的变化是由1893年在芝加哥举办的哥伦布纪念博览会带来的，而正是负责瑞莱斯大厦项目的主要人物们策划并部分完成了这次世博会的建设。第二个变化来源于瑞莱斯大厦本身，这个变化更加细微，但影响更加深远持久。因路特于1891年1月溘然离世，丹尼尔·伯纳姆指派查尔斯·B. 阿特伍德继任，完成了瑞莱斯大厦的设计建造工作。虽然瑞莱斯大厦不是世界上第一幢多层、金属框架的商业“摩天大楼”（这个头衔被由威廉·勒巴隆·詹尼设计，于1885年建成的家庭保险公司大楼与1888年建成的曼哈顿大厦夺去），但它却是当时建筑风格最一致、功能最完善、设计最简洁、结构最合理、技术最创新的高楼。从建筑技术的美学表达而言，它是20世纪高层建筑的重要原型。正如知名建筑历史学家卡尔·康迪特所言：“这幢大楼是芝加哥学派结构主义与功能主义建筑设计方式的胜利。它外形优雅端庄，设计比例精准，装饰细节简洁纯粹，透明立面巧妙完美，预示着未来前进的方向。”[2]

哥伦布纪念博览会

1893年5月1日，哥伦布纪念博览会正式开幕。这是美国为庆祝克里斯托弗·哥伦布代表欧洲“发现”美洲新大陆400周年而举办的世界性庆典。虽然世博会只是为了展示美国及46个参展国在技术、商业与文化方面的成就，但14座世博会“主要展馆”却独占了这次博览会的风头。世博会场馆建造在一派田园诗般的景观之中，周围环绕广阔水景，特别是一个类似于湖的“大盆地”，甚至还有水道与潟湖。这些建筑引起了轰动，并确立了庄严肃穆、规模宏大的罗马－文艺复兴古典主义建筑风格在美国接下来的几十年间屹立不倒的重要地位，尤其是在公共场所及机构建筑的建设方面。

这项建筑的成功体现出的意义在许多方面都非比寻常。大多数参与建设的建筑师亲密无间地合作，共同计算出了，甚至是算计出了世博会场馆的设计。宏伟的建筑风格彰显了美国的雄心壮志，体现出国家品格，也给美国这个新生国家戴上了古欧洲文明的传统枷锁。尽管世博会那些巨大的古典主义风格展馆均为临时性建筑，注

定要在一年内被清除，但它们仍是一种伟大的胜利。它们之中得以留存于世的唯有查尔斯·阿特伍德设计的艺术宫。为达到当时陈列贵重艺术品的建筑标准，这座展馆要比其他建筑更加坚固、防火。略微改造后，它成了如今的芝加哥科学与工业博物馆。

芝加哥世博会另一个颇为有趣，甚至自相矛盾的地方，在于它所发起的传统古典主义风格与芝加哥市中心同时在建、以技术为驱动的现代城市高层建筑显得格格不入，而这些先锋派高楼的建设者中的一部分正是在幕后推动世博会设施设计的关键人物。正如不久后历史就会揭示的那样，决定美国建筑风格在20世纪的走向的，甚至在很大程度上决定世界建筑风格走向的，是以瑞莱斯大厦为范本的高层建筑，而非芝加哥世博会所推崇的夸张的古典主义。

为了更全面地理解建造瑞莱斯大厦的历史背景，还有它是如何被古典主义的复兴抢去风头的，我们有必要探寻哥伦布世界博览会从构思到实施的过程，有必要将这场盛事放在19世纪90年代的美国这个大背景下加以审视。

“美国例外论”

1888年，美国国会正式做出决定：举办一届世界博览会以纪念哥伦布抵达“新大陆”，关键问题在于选址何处。纽约、华盛顿特区与圣路易斯都是热门候选城市，但在1890年年初，国会却通过了将世博会举办权交给芝加哥的决议。芝加哥多方游说，竭尽所能地展示自己有能力，也有意愿承办这次世博会，并且能够让它为国争

艺术宫（现为芝加哥科学与工业博物馆）位于芝加哥杰克逊公园中，是哥伦布纪念博览会唯一幸存的主体建筑。

光、被世界铭记。世博会不仅会展示新技术、彰显美国的文化素养，还明显意图含蓄地提出当时流行的“美国例外论”观点。该论点的主要思想是，由于美国具有革命性的、高瞻远瞩的建国思想，即建立一个自由、民主、公平的国家，所以美国成了世界史上前所未有的存在。这种有趣的自负至少起源于19世纪30年代。当时，法国政治科学家、历史学家阿历克西·德·托克维尔在《论美国的民主》(*Democracy in America*)[3]一书中观察到：“美国的地位……相当独特，或许可以说，没有其他哪个民主国家的人民会处于相似的境地。”[4]

正是基于这样一种美国本性非凡的观点，亚伯拉罕·林肯在1863年11月所做的《葛底斯堡演说》(*Gettysburg Address*)中，才将美国称为“一个新的共和国，受孕于自由的理念，并献身于一切人生来平等的理想”。这一观点最终被用来说明充满血腥与苦难的美国内战的正当性。这次战争并不是为了将自由平等传播至全美而发动的革命，也不是为了废除奴隶制所进行的斗争，这场战争是为了保全联邦而做出的挣扎。林肯在1861年3月4日的就职演讲与1862年8月22日写给《纽约论坛报》(*New York Tribune*)主编霍勒斯·格里利的一封信中，均清晰地表达了这一观点。林肯在信中说，他“至高无上的目标”就是要“拯救联邦共同体”。要是实现这个目标“不需解放任何一个奴隶，我愿意这么做；如果为了拯救联邦就得解放所有奴隶，我也愿意这样做；而如果为了拯救联邦需要解放一部分奴隶，保留另一部分奴隶，我同样愿意这样做”。但是在1863年1月，林肯改变了他的立场，以“美国例外论”重塑了战争，签署了在军事上高风险但在政治上高回报的《解放黑人奴隶宣言》，宣布叛乱诸州的奴隶为理论上的自由人，即使事实并非如此。正如林肯在《葛底斯堡演说》结尾处所说的那样，这场战争是一场伟大、开明的实验，是为了确保“这个民有、民治、民享的政府将永世长存”。此外，通过北方联邦的胜利，美国作为理念传播者、作为世界历史上的先驱，将会践行在1776年《独立宣言》中提出的愿景，成为自由民主国家的典范与灵感来源。

到19世纪80年代，至少在大众看来，“美国例外论”体现在美国敢于畅想的勃勃野心上，体现在自由放任的经济政策赐予个体企业的机会与奖励上，体现在普通美国人乐观的“我能行”的态度上。对当时的许多人来说，这样的国家形象是有事实依据的；美国只用了比一百年稍久一点的时间就从落后的殖民地一跃而起，飞速发展成名副其实的世界强国。芝加哥似乎是举办这场自我庆祝式的世博会的不二之选，因为对许多人来说，无论是这座城市的（或者说至少装作有的）巨大财富还是文化抱负，或是它沐浴1871年大火之后奇迹般的重生，无一不是“美国例外论”的具化显现。

当然，现在看来令人感到奇怪的是，19世纪80年代，似乎极少有美国人对他们高瞻远瞩、独特非凡的崇高建国原则仍是幻影这一事实表现出极大的担忧。当时，不仅美国初次品尝到的繁荣果实在很大程度上依赖于奴隶制，而且即使到了19世纪80年代，自由、平等也仅为部分白人所有。虽然林肯在1863年预言联邦在美国内战中的胜利将确保美国获得“自由新生”，但是，战后美国取得的发展与成功，至少部分归功于一群与美国人迥然不同的欧洲移民。他们相信以牺牲原住居民为代价，统治并无情地开拓这片土地是他们的“天定命运"。*当然，这种对"美国例外论"中某些方面的粗浅表述在王尔德于1882年开启北美巡回演讲之时引起了他的注意。同年，关于哥伦布世博会的内容初次出现在他的演讲里。[5]以他惯常的冷嘲热讽，王尔德注意到美国人对新奇科技的痴迷，他写道："运用'新型科技'是通往财富的最佳捷径。""世界上没有哪个国家，"他满含讽刺地说，"有像美国一样惹人喜爱的机械装置……直到见过了芝加哥的自来水厂后，我才认识到机械装置的神奇：钢棍上上下下，大轮子动起来也是那么对称、协调……"[6]

王尔德也忍不住就美国人对巨大化的痴迷进行了一番讽刺挖苦。他观察到："一个人在美国很受震撼，不是因为好的方面，而是因为这里的一切都大得毫无节制。这个国家似乎想要通过夸张的巨大化来骗取别人对它的权力的信仰。"在他看来，美国人对粗鄙而又危险的个人主义的偏爱同样滑稽可笑，因为让人感到自相矛盾的是，这种个人主义又要求人们去遵守它。王尔德所观察到的个人主义可被视为美国人对"美国例外论"具象化的渴求。王尔德计划前往位于科罗拉多州落基山脉上的莱德维尔，那里是"全世界最富有的城市"，同时也是"最野蛮的城市，因为每个人都配带着一把左轮手枪"。他宣称有人警告他——"他们一定会朝我或者我的旅行经理开枪"。王尔德大费周章想要传达给读者的观点就是，他的个人主义品牌在美国的个人主义者看来太过挑衅、太过精致。王尔德说他当时的回应就是宣布"不管他们对我的旅行经理做什么，我都不会被吓

* 这一说法于1845年出自报纸编辑约翰·欧沙利文，借以说明美国白种人的西进运动是正当合法且不可避免的。

倒”。于是，他就前往莱德维尔，去给“矿工们”做演讲。根据王尔德的自述，他关于“艺术伦理”的演讲是如此成功，以至于对他大加赞赏的观众随后邀他在矿井中共进晚餐，“第一道、第二道还有第三道菜都是威士忌”。[7]

世博会在建中

1890年2月24日*，美国国会通过法案，批准芝加哥市成为1893年世博会东道主，这主要是因为芝加哥的商业领袖与世博会主办者，包括马歇尔·菲尔德与菲利普·阿穆尔在内，已经承诺投资1500万美元作为世博会的财力支持，而且银行家莱曼·盖奇只用了几小时就筹到了几百万美元的额外款项，从而挫败了纽约的最终报价。在国会的决定公布之后，世博会的选址确定以及艺术家、建筑师、景观设计师与工程师的选拔工作就正式启动了。这些人将把梦想变成现实，并希望能让现实具有世界级水平。这个过程居然令人难以置信地复杂，让人忧心忡忡。除了金钱之外，时间成了主要的大问题。接下来，对这个年轻国家在历史上这一公认的关键时刻，出现了一些差别细微但足以引人注意的不同版本的描述。

起先，世博会的事务交由一个全国委员会负责，成员包括美国各州选派的两名委员以及八名特别成员。委员会的职责是“决定世博会选址、建筑设计与整体安排，分配空间场地，为展品归类，任命评委，确定奖项，安排外国参展者及其所有相关事宜”[8]。

---

* 据哈莉特·芒罗所言如此；据巴尼斯特·弗莱彻所言时间则是1890年4月，而且他还说，在资金通过审查后，于当年12月发布的总统令对芝加哥市的举办权进行了确认。

委员会最初的举措之一就是邀请约翰·威尔伯恩·路特参与世博会选址及整体安排的战略讨论。据他的传记作家哈莉特·芒罗所言，从一开始“路特在对世博会的定位的观点上就高瞻远瞩”。路特将它看作一场标榜“美国例外论”的蓬勃发展的盛大活动。芒罗说，起先“极少有人期待”芝加哥的这次博览会能与无比成功的1889年巴黎世界博览会相媲美，毕竟那场盛大庆典为巴黎带来的诸多好处之中甚至包括埃菲尔铁塔。但是，路特认为：“我们有更大的场地、更多的资金……我们还有湖，（那么）为什么我们不能超过巴黎呢？”[9]显然，路特最先提议的世博会场地是“密歇根大道以东的一片带状公共用地”，场馆临湖而建。在5月9日召开的土地及建筑事务委员会第一次会议上，此项提案获得通过。[10]但是，问题随后纷至沓来，于是，5月15日，他们不得不宣布另觅新址。

现在，事情开始变得让人迷惑了，不同的说法相互矛盾。芒罗说，起初南方公园委员会提议场馆选址在杰克逊公园那“满是沙子与沼泽的废弃荒地”，然后“8月10日，著名的景观建筑师弗雷德里克·劳·奥姆斯特德先生应委员会之邀来到芝加哥”，伯纳姆与路特“在他们宽敞的办公室里热情地接待了他”。芒罗接着说，“由此开始，他与路特旧识重逢、前缘再续，经常在一起开会”。[11]可其他描述及一些不争的事实均表明，事情发展的顺序与芒罗所述明显不同，关键在于杰克逊公园在事件中所扮演的角色。经伊利诺伊州立法机关同意，南方公园委员会于1869年成立，之后不久，委员会委托奥姆斯特德与卡尔弗特·沃克斯规划设计了面积约4.27平方千米的公园用地，其中包括大道乐园与华盛顿公园。到19世纪70年代中期，奥姆斯特德设计出一个方案，他明确表示“杰克逊公园的景观应以水为主导，公园中应包括游艇港、沿潟湖铺设的蜿蜒步道、小桥、游泳馆与充足的划船空间”[12]。

奥姆斯特德最初的计划在1890年时仍未实施，但他所提议的、取材于密歇根湖的亲水景观最终成了世博会园区成品的主要亮点之一。看起来，这些景观正是基于奥姆斯特德早期为会址规划的愿景而建，但在芒罗撰写的“圣徒传记”中，却给人留下了一种完全不同的印象。她讲述了两个故事，暗示路特才是那个设想出世博会亲水景观基本方案的人，甚至在世博会的项目正式花落芝加哥之前路特就被这个“迷人的问题”所吸引，构思出亲水景观的基本设计方案，以赋形于“这场盛大的表演”。[13]芒罗就这项最重要的主张所提供的证据其实就是道听途说。她只是说，1890年年初，路特画了张展示大型亲水景观的素描给“一个来家里拜访的东方女孩”看，这个女孩后来又跟芒罗说起此事。当这个女孩问路特他打算从何处为设计图中的潟湖与航道取水时，路特显然回答说：“密歇根湖很大，供水足够了。”在这场即兴展示的结尾，路特指出了“设计图中的一个关键点”，并说道：“主楼，也就是办公楼将会矗立在这里。”很明显，他指的是未来世博会行政馆的所在地，后来这座行政馆由理查德·M. 亨特完成设计，最终成为这届世博会所有建筑物中最令人惊艳的那座。[14]

据芒罗所说，路特后来又画了一幅更加详细的设计图，这次是给联邦军队步兵上尉霍勒斯·G. H. 塔尔看的。塔尔后来回忆说，路特“画了张设计草图，里面有建筑、水湾与运动场地……我从中看到的宏伟壮美无与伦比。三年后，我站在世博园里，想着他会多么

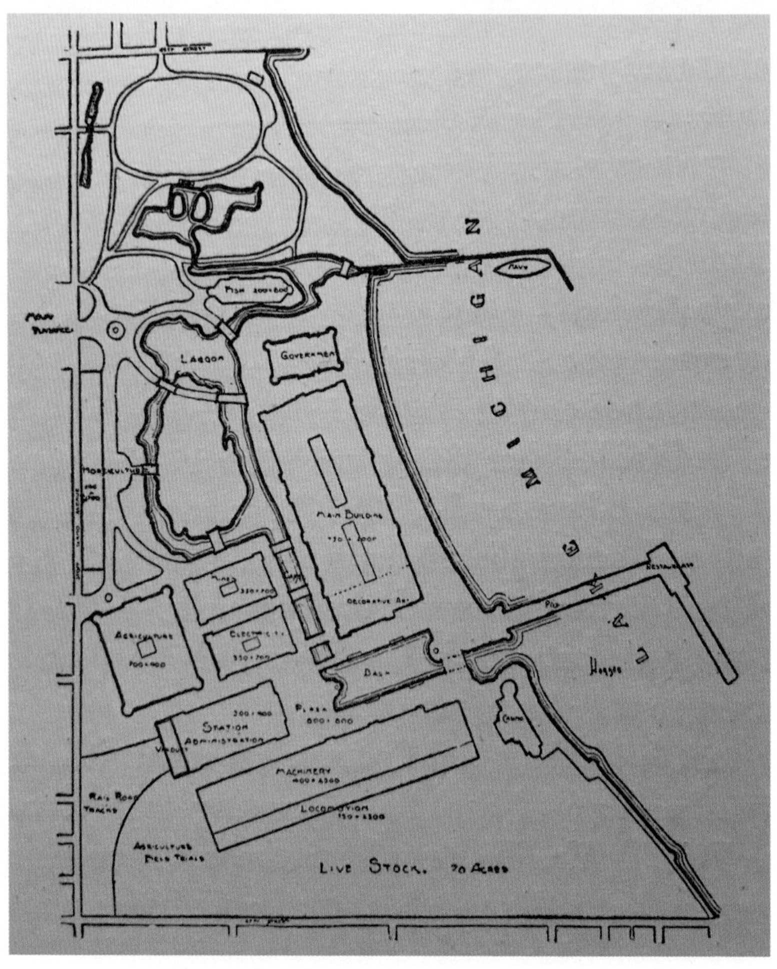

希望能够亲眼见证它的完成啊”[15]。此外，芒罗还指出，路特刚一接受任命成为“咨询建筑师”，就立刻叫来了自己的“朋友兼员工”朱尔斯·韦格曼，二人一道着手进行世博会的设计工作。芒罗引用了韦格曼的话，说路特“在图上标出了潟湖、岛屿与主要展馆等设施

（上图）约翰·路特于1890年12月发表在《纽约论坛报》上的为芝加哥哥伦布纪念博览会绘制的设计草图；（右图）1893年在丹尼尔·伯纳姆与奥姆斯特德及其事务所的设计把控下实现的世博会园区平面图。两张图纸上的各种相似之处引人注目。

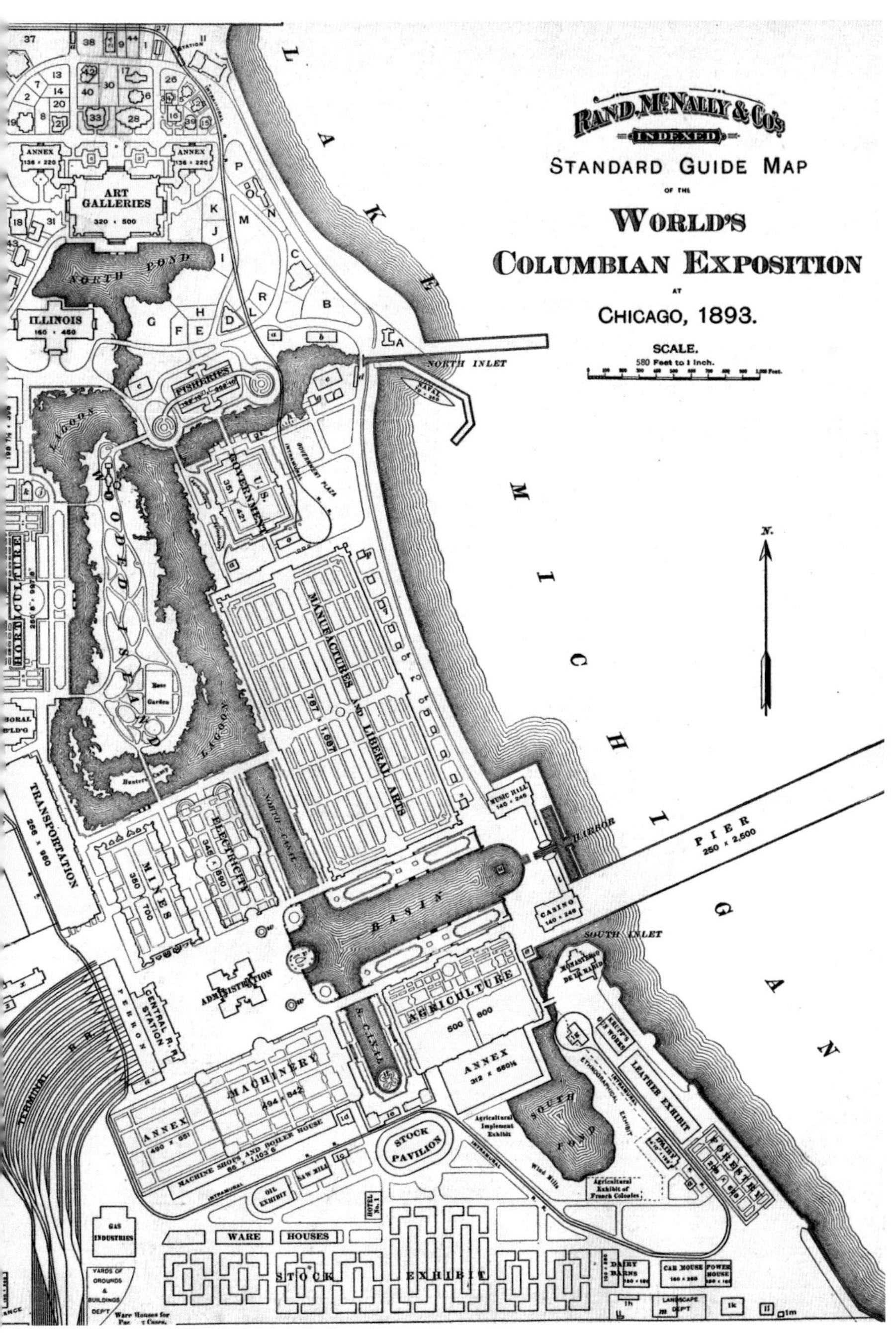
RAND, McNALLY & Co's
INDEXED
STANDARD GUIDE MAP
OF THE
WORLD'S
COLUMBIAN EXPOSITION
AT
CHICAGO, 1893.
SCALE.
580 Feet to 1 Inch.
LAKE MICHIGAN
ART GALLERIES
320 × 500
NORTH POND
ILLINOIS
160 × 460
NORTH INLET
NAVAL
FISHERIES
LAGOON
WOODED ISLAND
U.S. GOVERNMENT
HORTICULTURE
MANUFACTURES AND LIBERAL ARTS
787 × 1,687
TRANSPORTATION
256 × 960
MINES
350 × 700
ELECTRICITY
345 × 690
MUSIC HALL
140 × 246
PIER
250 × 2,500
BASIN
CASINO
140 × 246
SOUTH INLET
ADMINISTRATION
AGRICULTURE
500 × 800
ANNEX
312 × 550½
CENTRAL R.R. STATION
MACHINERY
494 × 842
ANNEX
490 × 551
MACHINE SHOPS AND BOILER HOUSE
STOCK PAVILION
SOUTH POND
LEATHER EXHIBIT
FORESTRY
OIL EXHIBIT
SAW MILL
GAS INDUSTRIES
WARE HOUSES
STOCK EXHIBIT
DAIRY BARNS
CAR HOUSE
POWER HOUSE
LANDSCAPE DEPT
TERMINAL R.R.

的位置，基本都处在最终规划的网格线上”。[16]路特的设计草图，或者说是他的设计版本，于1890年12月21日发表在《纽约论坛报》上。芒罗在她的书中第226页插入了这张图，就放在“哥伦布纪念博览会最终平面设计图”的旁边，二者的相似之处一目了然，令人吃惊。

因此，根据芒罗对事件的描述，并且依据她搜集的证据，世博会引人注目的亲水景观设计与主要展馆的布局均是基于路特的个人愿景。但是，在某种程度上令人费解的是，芒罗又坦言“潟湖的设计在杰克逊公园是必不可少的”，因为“早在1870年”奥姆斯特德就设想将那里建造成“潟湖公园”。[17]

在芒罗的叙述中毋庸置疑的部分是，1890年8月20日，土地及建筑事务委员会正式任命弗雷德里克·劳·奥姆斯特德及其公司为咨询景观建筑师，并于次日批准约翰·路特为咨询建筑师，“应路特的要求，委员会于9月4日对任命进行了追加，把他的搭档丹尼尔·伯纳姆也包括进来”。据芒罗说，在奥姆斯特德接受任命的当天，路特告诉委员会“在世的建筑师中，没人比奥姆斯特德先生更杰出……（他是）一个天才……”。他的“任命对世博会意义非凡，而且是个预示着世博会将希望无限、反响非凡的好兆头”。在接受委任的当天，路特向委员会做了第一次汇报，说明了“他对这次盛事的构想”。[18]亲水景观无疑是汇报中的主打内容。

关于世博会水上景观的设计者还有另一种说法。埃里克·马蒂在《世界博览会》（*World's Fairs*）[19]一书中明确指出，建议将杰克逊公园选作世博会会址的人是奥姆斯特德而非路特。而且，自然而然地，在奥姆斯特德于1870年提出的会址提案中，也包含了一些包括潟湖在内的设计构想。但是，这些围绕世博会设计者真实身份的饱含争议的说法也许殊途同归。

路特对奥姆斯特德的钦佩，以及他欣然接受奥姆斯特德早期对杰克逊公园的设计，甚至想要占为己有的想法都是易于理解的。事实上，易于采纳甚至毫无愧意地吸收他认为好的东西，也许是路特作为艺术家的本性，毕竟，正如在世博会起到关键作用的路易斯·沙利文所观察到的那样，路特“急于理解观点，更急于占用它们”[20]。路特有充分的理由仰慕奥姆斯特德。多年来，奥姆斯特德为北美许多城市的景观设计都贡献了自己的一份力量，并因此享有盛誉，尤其是他于1858—1873年间设计建造的纽约中央公园。而且他比路特年长近30岁，对路特来说，他是再合适不过的导师。

但事情还不仅如此。奥姆斯特德与路特都曾在利物浦待过，相似的经历也许让二人之间存在某种特别的羁绊。路特的建筑设计风格极有可能受到他在利物浦所见所闻的启发。可对奥姆斯特德来说，利物浦的启迪作用是我们更容易确认的。1850年——早在路特抵达利物浦的10年前，奥姆斯特德就参观了于1847年起对外开放的伯肯黑德公园。这座由约瑟夫·帕克斯顿设计的公园，或许是世界上第一座由政府资助的公园，也是成功融入都市环境的新建公园的典范。公园里风景如画的湖泊、园林建筑、花床、步道等构思巧妙的景观布局弱化了公园中城市因素的视觉优势，增强了空间感，给奥姆斯特德留下了深刻印象，以至于在多年后，当他设计规划中央公园时，也借鉴了伯肯黑德公园的多处设计特征。

不管事情到底如何，也无论是谁将杰克逊公园选作世博会会址，这个决定都是勇敢的。杰克逊公园位于芝加哥市中心以南11千米处。正如一位参观世博会的游客后来写到的那样，它“大部分是无路可行的平原与布满沼泽的荒野，边缘处是一望无垠的草原与580千米长、100千米宽的狭长湖滨带”[21]。对于“大多数人”来说，它看起来“不像是可选作世博会会址的地方”。发表这番言论的游客是时年27岁的英国建筑师班尼斯特·弗莱彻，可最终使他颇具盛名的不是他的建筑，而是他出版于1896年的权威著作《弗莱彻建筑史》（*History of Architecture on the comparative method*）*。1893年，弗莱彻赢得了戈德温奖学金——这一竞赛类奖项是由伦敦《建筑者》杂志主编乔治·戈德温于1881年设立的，旨在鼓励年轻的英国建筑师出国游学，掌握现代建筑技术。这笔奖金成了弗莱彻前往芝加哥参观世博会的经济支持，1893年5月24日，他先到了纽约，接着在芝加哥度过了五周的时间，最后在8月中旬回到英格兰。他的报道富有见地、内容翔实，以一个旁观者的视角记述了包括世博会筹办的全过程在内的大量信息，还收录了许多珍贵的照片与相关场景素描。[22]

班尼斯特·弗莱彻记录到，1890年7月25日（而非芒罗所说的8月20日），奥姆斯特德接到任命，成为世博会的景观建筑师。弗莱彻也证实了，最初将会址拆分成四个扇形区域的决定得到了所有设计参与者的一致同意。这四个区域中的建筑风格与景观特色各不相

---

* 班尼斯特·弗莱彻与其父合著此书，并于1921年对内容进行了修订。弗莱彻在英国皇家建筑师协会与伦敦大学设立了专项基金，用于定期修订、重印此书。原书第20版暨发行100周年纪念版于1996年面世。

同，反映出它们在世博会中所承担的不同功能。弗莱彻说，咨询建筑师团队，即伯纳姆－路特建筑设计事务所“与景观建筑师一道共商世博会整体布局大计”，其“根本出发点是最大限度地因地制宜，规划宏伟建筑布局时要充分利用周围的自然条件”。[23]实际上，这意味着世博会的主楼将沿着巨大且对称的、名为“大盆地”的水体而建。这是大海的象征，当年哥伦布就是通过远洋航行才发现了“新大陆”。但最能说明问题的还是大盆地的位置——它居于所谓的“荣誉广场”的核心。

这个规划安排与17世纪法国古典主义建筑风格密切相关。当时，城堡主体面朝设计正统的荣誉广场，而广场又有部分被成排的附属建筑所包围，因此显而易见的是，从“大盆地”及其周边建筑被命名为荣誉广场的那一刻起，世博会主体部分的建筑与文化的核心灵感来自正统的法国古典主义就已经非常明显了。这是当时负有盛誉、颇具影响力的巴黎高等美术学院通过教学成果与自身的影响发扬并确立的风格，人们称之为布杂艺术。据芒罗说，亨利·萨金特·科德曼，这位奥姆斯特德的得力助手接受了安排，负责世博会工程建筑。他提出了“把正中间的大广场设计成正统形式”的想法。[24]值得注意的是，科德曼曾在法国追随爱德华·弗朗索瓦·安德烈学习景观设计，而后者曾于1868年赢得了利物浦塞夫顿公园设计大赛。这座公园曾是英国最早的大型公园之一，旨在提高市民的身心健康水平与幸福感。公园内湖泊宽广、车道纵横，并因此广受好评、影响深远。理所当然地，这个公园是利物浦与芝加哥世博会的逸事之间存在的另一丝联系。

除布置井然的荣誉广场及其侧翼的建筑外，世博会也有非对称的、风景如画的部分，包括即将落成的外国展馆、景色秀丽的潟湖以及露天广场区域。这些设施就在大道乐园不远处。[25]

一旦确定了世博会景观设计的流程，把工作开展起来，如何“获得”建筑物的问题就被提上了议事日程。显而易见的是，既然景观设计是布杂艺术风格的，许多主体建筑也势必将保持古典主义的传统。但是，找谁来做设计师呢？或者说由谁来选拔从事设计的建筑师呢？

毫无疑问，1890年11月8日，世博会董事暂时叫停了所有前期任命安排，包括任命奥姆斯特德和他的团队为景观建筑师以及路特为咨询建筑师这一决定。这一天，伯纳姆被指派为全权负责的“建设领导人”，而其他人都被重新任命到负责监督或咨询的岗位上。路特的传记作家唐纳德·霍夫曼总结说，这项“调动”对于“确立”伯纳姆一直心心念念的“杰出地位”来说十分必要。[26]本是由路特引荐加入世博会项目的伯纳姆，如今走在了最前列，路特会有何感想？对此，我们已无稽可考。同样无从得知的是，伯纳姆自11月8日后所做的决定，实际在多大程度上是基于他和路特之前所达成的共识。但是，伯纳姆乐意放权、给人自主决断的机会这件事却是不容置疑的。这也许是身为建设领导人的特权，在某种程度上也包括了授予委任状的权力。在自传中，路易斯·沙利文记录了一段他亲耳听到、发生在19世纪80年代末的路特与伯纳姆之间的对话。伯纳姆发表了自己的观点，说：“做大买卖的唯一方式就是知人善任、知人善任、知人善任。”这使沙利文断言伯纳姆不是像路特和自己那样的“艺术家”，而是个不折不扣的“大商人”。[27]因此，既然世博会是伯纳姆接过的最大一桩买卖，那么他乐意将工作委派给其他人实属意料之中。

而班尼斯特·弗莱彻对建筑工程被委托的过程给予了更多的关注。他在报告中强烈暗示说，路特参与了确定建筑师选拔原则的关键决定过程。这些建筑师将负责设计建造沿水上荣誉广场而建的14座“主要展馆”。他写道，要制定的这项原则是一个“十分微妙与困难的问题”。报告最终出炉，“当时打地基的工作已深入展开，伯纳姆、路特与奥姆斯特德先生一道向委员会提出了四种选拔建筑设计师的方案”，分别是“一、选拔一位建筑师负责全部设计工作；二、在全行业内竞标；三、选拔少数建筑师参与竞标；四、直选”。弗莱彻说，出于多方面的原因，包括“时间限制”以及对“更杰出的建筑师可能不愿参赛”的担心，直选成为最终选定的方案。他写道，这种做法的“好处”是，可以按照建筑师的天性来分配工程任务，这样的量体裁衣可使建筑师设计的作品“几乎能与他最大的成就比肩”；可以使设计师有时间进行初步的研究和比较，将“设计风格统一为一个和谐的整体”；可以允许“建筑师会议”讨论“为了整体方案的利益，哪些人应该共同合作”之类有益于整个规划尽善尽美的问题。[28]这种直接选拔的方式，也允许被选中的建筑师在设计的创作与执行的过程中保留强烈的个人风格，行使极大的决定权。这项提案由伯纳姆、路特、奥姆斯特德与首席工程师A.戈特利布共同签署，并得到了土地及建筑事务委员会的批准。由此，世博会建筑方面最重要的一出大戏拉开了序幕，可最终，这也成了最具争议、最让人困惑不解之处。

显然，伯纳姆承受了相当大的压力。芝加哥赢得竞标，拿下了世博会的举办权，但这并不意味着要排斥来自竞争城市的人。根据伯纳姆的传记作者查尔斯·摩尔所言，伯纳姆“应委员会要求，选拔了五个人或公司，并立马获得了委员会的确认”。因此，1890年12月12日，在哥伦布纪念博览会董事会的大力支持下，入选团队获邀出席“杰克逊公园主楼”[29]建筑设计委托仪式，这是世博会建筑发展进程的决定性时刻。正如埃里克·马蒂所解释的那样，“坐落于地位极其重要的荣誉广场上的建筑委托给了一群大多来自美国东海岸的知名建筑师”[30]，而他们几乎全都来自纽约，接受过专业美术学院教育，这使“大盆地”及荣誉广场上的建筑都带有东海岸建筑师极为鲜明的古典主义倾向。

这些建筑师和公司包括：纽约的理查德·M. 亨特、麦基姆－米德－怀特建筑设计事务所、乔治·B. 波斯特、波士顿的皮博迪－斯特恩斯建筑设计事务所，以及堪萨斯城的范布伦特－豪建筑设计事务所。在这个核心圈子里，最后这家事务所是个异类。虽然它设立于美国中西部，却与美国东海岸有着盘根错节的紧密联系。委托工作的条款十分有趣，也很能说明问题。在伯纳姆方面，这是他最成功的委派之举。如此安排无疑是为了避免打口水仗、踢皮球、在委员会上演拉锯战。然而，这样的委派也赋予了建筑师巨大的创作自由。这个建筑委派的核心团体成员被告知，关于待建建筑的“艺术方面”，委派目的是“将问题全权交由你们解决……你们可以一起自行决定，是共同设计整体布局还是划分不同区域、各自为政，时不时地开会讨论并遵照讨论结果修正设计方案”。[31]而且，建筑师们还被告知“我们的咨询建筑师”约翰·路特将会“在你们缺席时，代为转达你们的意见”，而“不将个人感情掺杂在转述之中”。[32]

考虑到在创作上享受的巨大自由、获得世博会委派工作的殊荣以及作为首批被选中的事务所获得的荣誉，人们也许会以为这些建筑师会欣然接受这项提议，但根据伯纳姆传记作家的描述，情况并非如此。12月22日，伯纳姆在纽约与他们中的一些人共进晚餐。很明显，东部的建筑师“态度不温不火，他们觉得芝加哥离家太远，而且对资金的稳定性也表示怀疑”。最后，“伯纳姆使尽了浑身解数才说服他们”。[33]然而，他们虽然被说服了，但在这样的盛情邀约之下，建筑师们明显被权力冲昏了头脑。大约在同时，他们在纽约麦基姆－米德－怀特建筑设计事务所的办公室召开了一次会议，商定如何充分行使委员会暗示的设计自由，并由此决定了世博会建筑物的表现形式。

值得注意，而且现在看来也很奇怪的是，伯纳姆居然未出席这次会议。理查德·莫里斯·亨特作为在场的资深建筑师主持了会议。亨特是新英格兰人，在1890年，他不仅是享誉美国的建筑师，是1857年成立的颇具影响力的美国建筑师协会的共同创始人之一，还是布杂艺术派出身的古典主义者，这一点非常重要。会议决定，设计目标是达到视觉上的和谐统一、建筑上的整齐规划。这意味着，这群不同的建筑师设计建造的各种建筑“均采取古典主义风格”，还要“统一檐口高度”以达到一致，也就是说所有的建筑都需要被设计为高度相对较低的样式。多年后，威廉·米德对查尔斯·摩尔说，他不记得是谁最先提议所有经“东部建筑师”设计的建筑均采用古典主义风格，但他“清楚地记得”这是他们的“共识”。[34]他们还决定建筑与装饰的主材料是木材及“纤维灰浆”——由一种亮白的灰泥浆与波特兰水泥混合制成的建筑材料，使用起来方便快捷、造价低廉。

在12月22日的纽约会议之后不久，伯纳姆获得“授权”，挑选五名芝加哥建筑师或事务所负责设计“世博会另外五座展馆”。他提名的人选包括：伯林－怀特豪斯事务所、詹尼－蒙迪事务所、亨利·艾维斯·科布、索伦·S. 比曼（出生于纽约但在芝加哥从业超过十载）以及阿德勒－沙利文事务所。他们悉数接受委派，但这其中危机暗伏。首先，被选中的美国东海岸建筑师已然建立了他们的阵营，掌握了主动权，利用委派合同中的松散条款决定了“主要展馆”的古典主义外形乃至高度。此时，之前由伯纳姆、路特与奥姆斯特德提议组建的、负责商讨世博会重要建筑的“建筑师委员会”成立了。鉴于美国东部建筑师已先人一步、占据上风，毫无疑问，最终由亨特担任委员会主席一职，因此纽约方面所提出的设计路线也自然而然地被采纳了。后来的芝加哥建筑师对此只有两个选择：要么接受，要么走人。拒绝委派在他们看来是不可能的，因为这意味着将芝加哥伟大世博会的设计建造完全拱手让给东海岸的建筑师。荣誉感不允许他们这么做，但是，无条件地接受古典主义的设计风格，这样就能让他们保有荣誉了吗？在19世纪90年代的美国，芝加哥与纽约的处事风格截然不同。毕竟，芝加哥的建筑师组建了崇尚功能主义、结构松散但本质上精益求精的芝加哥学派，不习惯古典主义的浮夸矫饰。查尔斯·摩尔断言，美国东海岸建筑师为世博会建筑物所选定的古典主义主题

“对芝加哥而言是全新的。在芝加哥的建筑师群体中，到世博会期间为止，都无人涉足古典主义”[35]。这听起来有些言过其实。多数的芝加哥建筑师在19世纪80年代都曾有将古典主义装饰图案融入自己设计之中的经历。但是，摩尔说的也对，因为在芝加哥建筑师中，无人彻底选用风行于纽约与东海岸城市的布杂艺术这种新古典主义风格。

1890年的圣诞节对芝加哥先锋派建筑师团体来说一定很难熬，因为他们不得不苦苦思索如何解决摆在面前的问题。他们还想搞明白，为什么作为他们之中的一员，丹尼尔·伯纳姆会让他们身陷此番困境。

委派工作的授予，确切地说，委派工作授予的顺序，说得委婉些，是复杂且高度敏感的。许多因素同时在起作用，地区的、政治上的抱负与艺术上的从属关系，甚至连美国内战的遗产也成了一个问题。正如埃里克·马蒂所解释的那样：“伯纳姆的立场十分微妙。”他当时：

> 不得不选择总部在纽约的建筑公司（他得回应全国委员会对可能存在于芝加哥设计风格中的乡土气的担忧）；他选定的建筑师必须要能够代表美国的不同地区（内战仍让美国人感到良心不安）；他希望建筑师们能够在建筑设计风格上达到一致，从而使之前欧洲的世博会建筑都相形见绌。不管它对未来美国建筑的影响如何……伯纳姆选择巴黎高等美术学院出身的东部建筑师（其中有一人来自圣路易斯市）的决定满足了上述要求。[36]

上述分析也得到了英国建筑师班尼斯特·弗莱彻的支持。在

1893年写就的关于世博会的文章中，弗莱彻对建筑师委员会所规定的在建筑风格上必须达到和谐统一的要求也持肯定态度。“这也许是件幸事，”他写道，“公选出的建筑师委员会负责人理查德·M. 亨特先生受人爱戴，堪称美国建筑界的内斯特（特洛伊战争中的贤明长老）。他规范着建筑师委员会成员的行为，对他们影响很大。”弗莱彻也揭示了把“东部建筑师”紧密联系在一起，让他们能够目标笃定一致的深层次关系。这对于实现和谐统一的目标来说，也让人感到“幸之甚也”，他观察到：

负责设计建造荣誉广场周边大楼的建筑师均为亨特先生的学生或嫡系追随者。波斯特先生与范布伦特先生是亨特的学生，而豪、皮博迪与斯特恩斯先生又是范布伦特的学生。麦基姆先生受教于巴黎高等美术学院，因此，在流派与设计思想上他们都是一脉相承。自然而然地，亨特先生就是他们的领袖。而且，在亨特先生的主导下，和谐统一的设计风格的实施也得到了保证。[37]

人们可以从两段关于早期建筑师委员会集会的记录中对那个奇特时代的风貌略窥一二，也可以从中了解到一些芝加哥建筑师对伯纳姆的评论，以及对他厚此薄彼、决定优待美国东部建筑师的行为的看法。在这两个版本中，一个充满英雄主义色彩，另一个则阴郁悲伤。英雄主义的版本出自查尔斯·摩尔所著的伯纳姆传记。书中记录道：“1891年1月10日，建筑师的首次会议在伯纳姆－路特建筑设计事务所召开，由亨特先生主持……路易斯·沙利文作为芝加哥的被委任者，担任会议秘书。”因为刚从佐治亚州回来，路特迟到了。看起来，在世博会的筹建事务上路特已经退居二线，他也没做任何事去挑战伯纳姆身为建设领导人的权威。传记作者解释说，下午，伯纳姆带领代表团前往杰克逊公园实地考察，而路特则留在了办公室。展现在他们一行人面前的场景让人望而却步。伯纳姆回忆说，“那个寒冷的冬日……阴云密布……湖上浮满泡沫”。来自波士顿的罗伯特·斯温·皮博迪向伯纳姆发问说：“你是说，你真的提议1893年在这地方举办世博会吗？这是不可能完成的任务。”伯纳姆不屈不挠，意志不倒：“是的，我们就打算这么做……这是板上钉钉的事。”[38]

会议秘书路易斯·沙利文对伯纳姆身为建设领导人时的作为的描述则截然不同，甚至有些让人绝望。这段描述出现在事发多年以后，即沙利文1924年所著的自传中。在记录1891年2月某天的建筑师会议时，沙利文明确表示，他没有为杰克逊公园会址上大自然所赐予的巨大挑战所撼动，也不会因迎战这个不可能的任务所带有的浪漫主义色彩而感动。他仅仅回忆说：“视察完场地后，当时混乱的场面已经够让人沮丧了。我们这队人马离开现场，又开始了激烈的研讨。”理查德·亨特作为建筑界公认的负责人级别的人物主持了会议。沙利文与伯纳姆是夙敌，公私两方面的关系都很紧张。然而，即便如此，他对会议的记叙仍显得过于冷酷。沙利文告诉我们说，伯纳姆“处事不够灵活”，而且“不久后大家就听见他一而再，再而三地跟东部来的人道歉，为蒙昧的西部弟兄在场而表示歉意”。很显然，亨特让伯纳姆别再说下去：“见鬼，我们可不是来这儿传教，或

下页图

这看起来是约翰·路特1890年为哥伦布纪念博览会设计的题为“运河入口”的规划设计图。它与路特死后世博会“主要展馆”所采用的布杂艺术古典主义设计风格大相径庭。

助人摆脱愚昧的。大伙儿开工吧。”大家一致同意，而伯纳姆“凭借自己有限的理解力，缓慢但确定地……从他那梦游般的怪异举动中苏醒过来，加入众人之中”。[39]

约翰·W. 路特之死

在这两次会议之间发生了一件令人无比震惊的事。这件事无疑也解释了（至少是部分地解释了）沙利文的悲观论调。1月10日的会议召开后没几天，约翰·路特就因病去世了。这突如其来的噩耗震惊了所有参与世博会工作的人，大家感到深深的不安。尽管伯纳姆一跃成为世博会的总指挥，但是对许多人而言，路特仍然是先驱般的存在，有他在，就能够确保世博会的建筑物达到卓越水平。可在这个关键时刻，他竟溘然离世了。沙利文不禁问道：“谁能接下他的衣钵呢？”他担心，答案恐怕是“后继无人”！[40]

路特离世时的情形非常具有戏剧性。与他同时代的人用那时特有的病态感伤描述了当时的情况。1月11日，路特又一次没能参加建筑师委员会的晨会，但路特夫人给伯纳姆打了电话，解释了路特意外缺席的原因。她说，路特患了重感冒，希望下午能参加他们的会议。可当天下午，她再次致电伯纳姆，告诉他说路特得了肺炎，伯纳姆迅速赶去看望路特。在伯纳姆的传记中有这样的记载：“接下来的三天，我几乎时刻陪在他的左右，夜以继日。”[41]但工作还得继续。当伯纳姆与亨利·科德曼开完会，回到路特身边时，他发现路特呼吸急促。“别再离开我。”路特恳求道。伯纳姆保证他不会再离开。路特高大健壮，只有41岁。几天前他还生龙活虎，但如今大家都能看得出他已时日无多，而众人却束手无策。哈莉特·芒罗描述了路特弥留之际的情形，当“甜美的幻象袭来时，他开始谈起脑中的景象……‘你看到了吗……那多美啊……一片洁白与金黄！’夜幕初降时，他嗓音沙哑地呢喃道：‘你听到那音乐声了吗？’……他的手指弹奏着天国的曲调……‘这才是音乐——如此恢宏。’在色彩与音乐中，他的灵魂从地球飞升而去……他死了”。[42]

伯纳姆在路特死前一直陪伴在他的身边，但因为担心路特同在病中的妻子，他还是离开这个垂死之人片刻，去看了看她。当他和心烦意乱的路特夫人交谈时，夫人的婶婶内蒂走进屋来，告诉他们说，路特刚刚去世了。内蒂婶婶见证了伯纳姆当时的反应，之后又转述给她的侄女哈莉特·芒罗听。他很震惊，也很失望，毫无疑问，一想到摆在面前的庞大工程他就惊恐万分。伯纳姆是个有天赋的组织者、委派者、实用主义者，或者用沙利文的话说，是个“大商人”。而路特是建筑天才、艺术家、正直的人。他们俩都知道对方存在的必要性，他们俩都知道世博会的成功举办离不开二人亲密无间的合作。可如今，伯纳姆不得不独自承担起这项让人望而却步的任务。内蒂婶婶说，伯纳姆在地板上来回踱步，明显忧心忡忡。他自言自语道：“我努力工作、认真规划，梦想着让我们成为世界上最伟大的建筑师。我让他看到我们做到了，而且坚持住了，可现在他却死了。该死！该死！真该死！”[43]

约翰·路特的突然离世，加上伯纳姆平日工作繁忙又偏爱委派工作，使得美国建筑师的“院长”[44]、建筑师委员会主席理查德·亨特成为事实上非官方的世博会建筑负责人。因此，由于路特离世，而伯纳姆又心烦意乱，亨特与他那些来自东海岸的同事就自行裁决，确保世博会的“主要展馆”在设计实施上将会如当初在理论上所约定的那般成为风格和谐一致的新古典主义建筑，檐口采用白色仿大理石材料，高度统一为18米左右。可以说，这并不是路特所设想或期望看到的建筑——这在哈莉特·芒罗所著的传记中也有所提及。而在摩尔的传记中，甚至连伯纳姆也承认，他不相信即使路特还活着，世博会的建筑物“会变得更好”，但“建筑风格无疑将得到修正，并被打上具有他伟大的个人特色的烙印”。[45]很显然，如果路特没有离世，那么设计、建造世博会建筑的过程将会更复杂、更有争议，而且可能更加耗时。如果情况真如这般所说，肯定有人因为路特的离去而松了一口气。

鉴于各方一致认为路特的突然离世极大地改变了世博会建筑的风格，且因此他曾拥有的很大一部分权力被转移到了亨特手中，那么公正地评价亨特就显得十分重要。人们应该认识到，亨特不是简单地将自己的建筑偏好加诸世博会，使其成为传达自己建筑信仰的载体。尽管他的教育背景与审美趣味都是布杂艺术派的，但亨特也对其他的建筑风格进行过探索和尝试。例如，在19世纪70年代中期，他设计建造了位于印刷所广场的纽约论坛报大厦。这是一幢开创性的、配备电梯的9层建筑。尽管大楼使用了砖石承重结构，外观装饰古朴典雅、颇具历史意义，但仍不失为商业摩天大楼的先驱之作。*如此看来，亨特在此所体现的对风格统一、庄严高贵的古典主

* 1903年，唐恩彻公司将大厦加高至18层，但大厦仍于1968年被拆除。

义的偏好，仅仅是因为他相信这是适合世博会主体建筑的正确“设计风格”而已。

在任命负责设计世博会主体展馆的建筑师与事务所的工作结束之后，下一步就是要决定究竟要把这些展馆建成什么样子、它们与会址环境之间如何协调、展馆之间又要如何呼应，而且更重要的问题是：由谁负责设计什么？在伯纳姆的传记中有这样的记载：“关于建筑师人选的讨论，在路特先生去世后持续了整整一周的时间。”毫无疑问，这些讨论迫在眉睫且紧张激烈，其中还涉及伯纳姆的去留问题。伯纳姆的传记作家宣称，路特之死给伯纳姆造成了很大的震撼，他不确定要如何继续世博会的工作，因此就考虑向委员会辞去职务。伯纳姆的传记作家引用他的话说，伯纳姆宣布他“只是为了尊重董事会中朋友们的判断与意愿才决定留下”。[46]

这种不确定性只会让亨特的地位更加稳固。伯纳姆的所有传记中都揭示了在这些动荡不安的日子里，工程进度就是“设计图经历了大刀阔斧的改动”，而在那周即将结束时，伯纳姆无疑是在亨特强大影响力的作用下采取行动，“分派工作”。而在这种情况下，把这些工作中最好的一份委派给亨特也就完全在意料之中了，即使这显得有些厚颜无耻。被亨特收入囊中的是占据荣誉广场一侧主要位置的堪称世博会中心建筑的行政馆（路特称之为“办公楼”）。最终，亨特创造出一种宏伟巨大、带有圆顶的古典主义建筑结构，这种创造在很大程度上帮助他在1893年赢得了英国皇家建筑师协会金奖这一殊荣。来自麦基姆－米德－怀特建筑设计事务所的查尔斯·麦基姆分配到了设计农业馆的任务，这座建筑通过它的中央圆顶与长达

250米的主立面体现出罗马式的宏大雄伟。乔治·B.波斯特负责设计制造业产品与工艺品馆，这是一座占地面积13万平方米的大型建筑，场馆主入口被设计为凯旋门造型。亨利·范布伦特（波士顿生人，曾在纽约与亨特共事，但自1887年起立足于堪萨斯市）与弗兰克·梅纳德·豪一同分到了电力馆的委派工作。而来自波士顿的皮博迪－斯特恩斯建筑设计事务所的罗伯特·斯温·皮博迪则分配到了机械馆的建设工作。

美国东海岸古典主义建筑师攫走了世博会众多注定引人注目的大场馆的委派工作，就意味着他们会拨走大部分的项目资金，这让芝加哥建筑界的人“心怀怨恨”[47]。这股哀怨，可以想见，一定被加诸建筑设计上的古典主义要求加剧了，因为要想从伯纳姆与建筑师委员会那里获得较大场馆的委派工作，遵从古典主义设计风格就是一个先决条件。大多数芝加哥建筑师更愿意采用一种着重于功能主义的建筑方式。与五家东部事务所普遍得到的工作相比，五家东海岸事务所获得的委派任务就显得微不足道了——它们的建筑都被安排在世博会园区的休闲区域。例如，伯林－怀特豪斯建筑设计事务所分到了设计“威尼斯村落”的工作，这项工程如此无关紧要，以至于没过多久就被叫停了。

话虽如此，生于芝加哥或立足于芝加哥的建筑师们最终确实设计了半数的“主要展馆”，尽管通常不是最大最重要的那些。但交通馆的情况并非如此，这座世博会的主要建筑交由阿德勒－沙利文建筑设计事务所负责设计建造。鉴于伯纳姆与沙利文之间在个人与行业上的分歧由来已久且根深蒂固，这项委派就显得十分有趣。如果这项委派完全是来自伯纳姆的馈赠，那么这可能是他打算与沙利文冰释前嫌的试探之举，而且，他还在尽己所能地帮助一家他或许知道其经营状况不佳的事务所摆脱困境。由阿德勒－沙利文建筑设计事务所掌舵的交通馆，与荣誉广场周围的其他场馆相比显得格格不入。它打破了其他场馆业已树立的新古典主义风格，体现出一些“芝加哥学派”推崇的创新、实用的建筑原则。这座色彩丰富的建筑是古典主义风格下一种抽象的罗马式变体，它准确无误地表达出建筑对“形式追随功能”的要求。然而，不得不承认，与其他大多数阿德勒－沙利文建筑设计事务所出品的大楼相比，交通馆的设计无论是在建筑结构上还是在艺术性呈现上都相对保守，这与他们在1891年设计建造的坐落于圣路易斯市的温莱特大厦相比一目了然。事务所前职员弗兰克·劳埃德·赖特曾称，这座10层楼高、早期现代主义风格的砖砌大厦是“人类建筑史上第一幢高层钢铁办公大楼”[48]。显然，建筑师委员会强制规定的诸多限制使沙利文也未能免俗。

而坐落于荣誉广场周围、潟湖附近的那些由芝加哥建筑师设计的其他“主要展馆”包括：由索伦·S. 比曼设计的矿物与采矿馆，这是一幢纯古典主义风格建筑；在一众“主要建筑”中规模最小，由亨利·艾维斯·科布负责的渔业馆，与阿德勒－沙利文建筑设计事务所设计的交通馆相比风格更加保守，更偏向于古典主义罗马式风格；此外，还有威廉·勒巴隆·詹尼与威廉·布赖斯·蒙迪设计建造的园艺馆。在这个工程中，詹尼所扮演的角色让人迷惑不解。

下页图

1890年，约翰·路特设计的芝加哥世博会“艺术宫工程”。灵感来自“芝加哥学派”，可能这就是后来的艺术宫。路特死后，由查尔斯·阿特伍德以纯古典主义的设计风格完成了艺术宫的建造。

他设计的芝加哥家庭保险公司大楼在1885年竣工时可能是世界上第一座全金属框架的摩天大楼，但他在建筑与工程方面所受的教育有部分来自巴黎中央理工学院。故此，园艺馆被设计为一座布杂艺术古典主义风格的大型展馆，笼罩于建筑主体之上的几近透明的巨大金属穹顶俯瞰着建筑内外。

查尔斯·B. 阿特伍德登场

在某种意义上，荣誉广场周围另外三座展馆的设计工作由伯纳姆委派给了自己人查尔斯·B. 阿特伍德——伯纳姆事务所中一位有

才干的新员工。这三座展馆分别是赫赫有名的艺术宫（会址上唯一一座打算会后继续使用的建筑）、林业馆与人类学馆，[49]它们的设计都带有浓重的古典主义风格。木制的林业馆构思精巧，它的外形是一座巨大的“原始小屋”，室内立有树干状圆柱。阿特伍德这个人很有魅力，伯纳姆突然将其任命为伯纳姆－路特建筑设计事务所首席设计师的直接原因是约翰·路特之死，而原本作为事务所首席设计师、世博会咨询建筑师的路特，是负责监督设计质量的。如此看来，比路特还年长一岁的阿特伍德之前的建筑事业虽然有些萎靡不振，但在路特去世之后突然就腾飞了。他承担了完成瑞莱斯大厦

设计建造的任务，而且通过伯纳姆的任命在世博会设计工作中分得了最大的一杯羹，最终负责了60种不同类型的建筑结构与外观装饰的设计工作，其中包括荣誉广场上一眼就能看得出其重要地位的圆柱门廊。这48根极具象征意义的圆柱代表了美国的各州疆域。这种戏剧性的表现手法是由爱尔兰裔美国雕塑家奥古斯都·圣·高登斯提议的。当时，这位不朽的雕塑家以他的美国内战纪念碑闻名于世。他也接受了伯纳姆的委派，负责“提供一些一般性的建议……挑选雕塑家”为世博会工作。[50]伯纳姆第一次看到阿特伍德设计的圆柱门廊时，对他的传记作家说：“就好像有人在我面前打开了一扇金色的

大门。”[51]

毋庸置疑，阿特伍德不负众望，成功应对了摆在面前的挑战，而且许多与他同时代的人评价说，阿特伍德的作品以其最佳的品质展示了世博会在文化上颇具野心的抱负。很多人认为，由路特在生前进行过构思，而阿特伍德最终将其完成的艺术宫的设计是众多场馆之中最成功的。正如唐纳德·霍夫曼所解释的那样，阿特伍德的建筑“让伯纳姆心花怒放。伯纳姆觉得它美得超凡脱俗，是他所见过的最漂亮的建筑；他还告诉他的传记作者，阿特伍德‘将以本时代最伟大的建筑师的头衔流芳百世’”。对于阿特伍德，圣·高登斯表示出同样热烈的支持，他告诉伯纳姆说，依他看来，“阿特伍德的艺术宫是自帕特农神庙以来最好的建筑”。[52]

阿特伍德的作品既取悦了讲究实际、注重实用的伯纳姆，又迎合了布杂艺术的忠实拥护者，可谓是芝加哥与美国东海岸建筑学派的一次完美融合。而这两个学派，在某种意义上因为世博会的筹办而存在着竞争关系。1893年的阿特伍德基本上是一个立足于芝加哥的建筑师，虽然他生在美国东海岸、求学于哈佛、在波士顿的韦尔－范布伦特建筑设计事务所接受了建筑培训（韦尔在1881年离开了事务所，弗兰克·M. 豪取而代之），而且还曾效力于理查德·M. 亨特，与之共建了位于纽约的范德比尔特住宅。因此，相较于负责世博会其他大楼项目的建筑师，阿特伍德更有资格说自己在两个阵

阿德勒－沙利文建筑设计事务所设计的交通馆正门处的拱形入口。这是世博会“主要展馆”中唯一一座多彩的建筑：它既没有被漆成白色，也未遵循布杂艺术古典主义风格。这种离经叛道的行为并未受到干预也许是因为展馆并非面朝荣誉广场，而是面向北方毗邻的潟湖。

营中都占有一席之地。

女性与博览会

世博会建筑师团队中唯一的女性也接到了任务，负责设计妇女馆。这项意在体现进步的举措却因简单粗暴的正面差别待遇而适得其反，被人诟病为在刚刚涉足建筑业的妇女面前摆出纡尊降贵的架势。引发争议之处在于，人们认为女性不该被隔离，不应设置特别的“女性”委派工作，而应对女性一视同仁，鼓励她们公开与男性建筑师竞争。通过有限竞争的方法，选定的建筑师是时年25岁的索菲亚·海登。她生活在波士顿，曾就读于坐落于此的麻省理工学院。经过四年的学习，她成为该校建筑专业的第一位女性毕业生。与她的男同事一样，海登负责建造的也是一座布杂艺术新古典主义设计风格的大型展馆。

显然，所有负责世博会荣誉广场及潟湖周边展馆设计的建筑师，都要遵守亨特与建筑师委员会所制定的宏观设计指导原则，包括统一檐口高度以求得视觉上的和谐，这样才能确保他们的设计方案获批，从而正式开展建设工作。甚至连阿德勒－沙利文建筑设计事务所也不得不遵守这些规定，尽管他们多彩的罗马式设计与周边正统的纯白古典主义风格场馆有所不同。因此，建筑的意识形态，或者至少是对建筑给人带来的视觉上的和谐统一的追求，战胜了任何个性化的艺术表达，这些过多的妥协甚至潜在地损害了建筑的完整性与应有的气节。

在19世纪90年代末的某个时候，一个果断的决定，如同咒语一般，在世博会开幕不久就为它赢得了一个之后广为流传的外号。被称作“纤维灰浆”的熟石膏与波特兰水泥制成的混合物被广泛应用在大多数的世博会建筑上，在风干后呈现出乳白色。最开始，他们的想法是给“纤维灰浆”涂色，所以伯纳姆任命路特的朋友威廉·普雷蒂曼为“色彩主管”。经过一番试验，普雷蒂曼做出决定，让象牙色成为最终被采用的颜色。在比曼设计的“矿物与采矿馆”率先使用这个颜色漆好后，伯纳姆与众建筑师前去巡视，可大家觉得这个颜色并不理想，便就此展开了讨论。正如伯纳姆对他的传记作家所说的那样：“我不记得是谁提议”，但“最终的想法是‘我们用纯白色吧’……我做出了决定……我决定把比曼的展馆涂成乳白色”。现场会议召开的时候普雷蒂曼正在东方，所以他回来后“怒不可遏”。他指责伯纳姆干预他的工作，伯纳姆却说自己“并不这么认为”。当时普雷蒂曼威胁说“他会退出”，然而，没人出面劝阻他。另一个与路特相关的联系就此中断了。

取代普雷蒂曼的是没那么轻狂的弗兰克·米利特，他负责率领类似于刷石灰水的工匠的一伙人。这伙人发明的应用于大规模生产的刷漆技术后来被汽车制造业所接纳。[53]刷白漆的决定是基于对现实的考量，所有建筑物一律刷成简单一致的颜色能够节省大量时间，但这个决定同样受到了艺术上的启发，使大楼具有优雅飘逸之感，让人感觉这些建筑物好似是用白色大理石制成的。白漆也赋予了庞大、大胆的古典主义建筑群以梦幻的色彩，这也使得世博会园区自开幕起就被冠以“白城”[54]这一经久不衰的称呼。

所有的细节设计图在完成后均被递交给各级别的委员会进行讨

论，并通过审核。一种令人陶醉，也越来越让人兴奋的氛围蔓延开来，至少在伯纳姆的传记作家看来如此："冬日的傍晚将至，房间里除了发言人低声评论着自己的设计图外，一片死寂……最终，在最后一幅设计图展示完毕时，盖奇先生深吸了一口气。他倚窗而立、紧闭双眼，惊呼道：'噢，先生们，这是一场梦。'接着，他睁开眼，微笑着继续说道，'我祝福你们，我祝你们美梦成真。'"银行家莱曼·盖奇曾筹措资金以助芝加哥顺利夺得世博会举办权，后来他成了世博会董事会主席。在这场重大的会议上，圣·高登斯似乎陷入了静默的狂喜状态，他对伯纳姆说："喂，老伙计，这可是自15世纪以来最伟大的一次艺术家大会啊！"在这种自鸣得意的情绪之中，1891年2月底，"全部工程"获得"所有当局部门"批准，开始施工了。[55]

世博会之旅

班尼斯特·弗莱彻以客观公正的态度，简明扼要地介绍了举办1893年芝加哥世博会这个具有划时代意义的盛会的过程。他的观察敏锐细致，准确简洁地描述出园区的展馆与场地在当时给人留下的直观印象，也恰到好处地评点了世博会的建筑设计。更重要的是，他还得以与参与世博会筹办工作的一些要人会面、交谈，获取了许多重要信息。例如，在波士顿附近的布鲁克莱恩市，奥姆斯特德招待弗莱彻在自己的乡间别墅进行会面。交谈中，弗莱彻"收集到许多重要信息，足以影响他当下所致力的这项重要工作"[56]。弗莱彻也证实，正是奥姆斯特德"看到了杰克逊公园的可塑性，并强烈建议选择此处作为世博会的会址，尤其要善用湖水来搞运输、做场地美化”。显然，弗莱彻对奥姆斯特德的机智敏锐印象深刻，这也是情理之中的事。他解释说：“毫无疑问，对世博会园区这件艺术品而言，那片水域是必不可少的点睛之笔。”[57]

弗莱彻也批判了世博会的一些方面，这可能反映了当时人们的共识。和许多参观者一样，他也是乘火车抵达世博会会场的。在“所有铁路线交会的世博会园区正门处”，有一个“候车大厅”，由查尔斯·B. 阿特伍德设计。对弗莱彻来说，“这是一幢十分宏伟的建筑”，是从“罗马的卡拉卡拉大浴场”那儿得到的灵感。但是，这个“巨大的铁道终点站”并非世博会的正式入口。在它旁边的是“世博会入口穹顶”，弗莱彻觉得“以这个荣誉大厅为起点，前往园区参观，真是再合适不过了”。从这个大厅向外望去，可以看见“密歇根湖水域干渠”[58]的美丽远景。这一定是19世纪布杂艺术派设计师们所钟爱的法国巴洛克式传统建筑风格的经典呈现。弗莱彻十分欣赏奥姆斯特德规划的“两条运河”，还有在空间上切割出的“大盆地”。他还赞赏在“密歇根湖的周围，世博会主展馆鳞次栉比……布局宏伟庄严”，而且“檐口高度整齐统一”。[59]

在这座蔚为壮观的会址以北的地方，是一处“更加浪漫、美景如画”之地，弗莱彻觉得“它的存在是必要的，在看过规模宏大的展馆后，这处场所能给人的视觉以很好的调剂”。[60]然而，尽管存在视觉上的多样性与对比性，弗莱彻对世博会如此庞大的规模仍然感到不

下页图

1893年，越过“大盆地”与荣誉广场向西眺望。“大盆地”中的巨型雕像是丹尼尔·切斯特·弗伦奇创作的高达20米的镀金青铜雕塑“共和国雕像”，它于1896年被大火烧毁。

适。他注意到“芝加哥市内的高架铁路”从阿特伍德设计的铁道终端站延伸至园区内一个长达8千米的环道上，而且“蒸汽船也在‘大盆地’与潟湖上穿梭”。但是，“有件事非常明显，那就是……世博会园区太大了”，他写道，不乏“因体力不支而晕倒的事例”。弗莱彻还指出，“用公车把游客从一个场馆运送到另一个场馆很有必要”。[61]

显然，由于场地面积巨大，参观世博会十分耗费体力且不甚方便，可实际情况比弗莱彻提到的还要艰难得多，因为他的文章中涉及的只是世博会的主场地，包括门厅、展馆与其他各式建筑，而公共娱乐设施在相邻的游乐场大道乐园里。世博会开幕后的一两个月中，这些娱乐项目又有了更新——增设了世界上第一座摩天轮。它约24米高，配有36个座舱，单舱最多可容纳60人，其中还包括一个乐队专属座舱。每当摩天轮转动时，就会有乐队在专属空间里演奏音乐。摩天轮的发明者是乔治·法利士，而建造这个引人注目、娱乐大众的庞然大物，是为了与1889年巴黎世博会上的埃菲尔铁塔一较高下。

弗莱彻被世博会的建筑力量与和谐统一的设计震撼了，但仍对它想要传达的建筑讯息与将来可能产生的影响存在些许怀疑。他认为，“这在世博会历史上无疑是无与伦比的，而且对建筑师来说，这更能让他们称心如意，因为这实际上已经成了建筑博览会”。弗莱彻暗示，在之前的博览会与世博会上（巴黎的除外），“我们已经习惯于观看展品。但是，在这里，具有大家风范的设计手法迫使我们去关注展馆建筑本身及其重要性”。如今看来这个评价有些奇特，因为这已经是百余年前的见解。毫无疑问，世博会的建筑在当时引发了热议，众人均认为它意义非凡。但从建筑的持久影响力上讲，如今看来芝加哥世博会并不如1889年的巴黎世博会与1851年的伦敦世博会重要。当年，伦敦世博会的代表性建筑是具有首创精神且兼具实用性的水晶宫，它由大批量生产的铸铁构件现场组装而成，拼接以大量的玻璃。水晶宫是人类历史上最具影响力的建筑之一，从许多方面讲，都是20世纪建筑学上现代主义的先驱——确切地说，是现代主义的灵感之源。

也许，这种观念上的转变仅仅缘于建筑学重要理论的演变。在当时的人们看来，芝加哥世博会的重要性体现在其“伟大建筑”的布杂艺术古典主义设计风格所具有的说服力之中。当时，在许多人看来，虽然这些建筑在结构与用材上都华而不实，但这并无大碍。巴黎埃菲尔的铁塔与伦敦约瑟夫·帕克斯顿的水晶宫都是作为临时建筑而设计建造的，但它们也是工程学上的奇迹，选材用料与结构表现都至关重要。对于这些特质，我们时至今日仍然充满敬佩、颇感兴趣。从弗莱彻关于芝加哥建筑的笔记与素描中，我们不难看出，他本质上也是一个现代人。他详细考察的内容、绘制与搜集的信息，并不是关于各个“伟大建筑”主立面展现出的古典主义设计风格，而是关于这些建筑所具备的各式规模巨大、制作精巧的金属屋盖结构。一般来说，为了满足陈列大型机械或物体的需要，世博会建筑需要大跨度、开放式的内部结构。为达到这个要求，常需采用各种大胆的工程方案。在这方面，世博会上展出的建筑与其说是与当时先驱性的工程结构（例如瑞莱斯大厦）直接相关，不如说是仅有些相似之处。事实上，就瑞莱斯大厦而言，世博会对它的影响也许是比较直接而深刻的。据说，1894年在瑞莱斯大厦表面覆以白釉陶板以及大厦外部采用单一色调的方案，就取决于密歇根湖畔的“白城”在美学上的成功。[62]

弗莱彻为世博会满心满意地接受了夸张的欧洲古典主义，并将其上升为美国的民族风格而感到困惑不解，这是可以想见的。对弗莱彻而言，这极不恰当。他写道：“事实上，世博会没有在建筑方面体现出美国人对生活的表达方式。”但是，曾在巴黎高等美术学院接受过一些教育的弗莱彻还是决定对世博会保持积极的态度。他接着说道，这是可以原谅的，因为世博会的古典主义能够传授伟大、普适的建筑真理，提供“建筑艺术中关于比例及其与雕塑、绘画相结合方面公认的、正统的实物课”。[63]

但是，弗莱彻仍忍不住指出，若不加鉴别地追随芝加哥世博会所展现的古典主义模型，势必会带来可怕的后果：“我们希望……这种模仿的成分不会驱使人们将这些伟大的古典主义设计复制到市政厅、博物馆或其他别的什么地方上去，建得全国都是。我们希望，已经在一些脱离古典主义设计的路线上大步向前的美国建筑师，能够珍视这些设计所传授的经验知识，而不只是简单照抄它们的表现形式。”如果芝加哥世博会导致“古典主义在美国的一场巨大复兴”，那么在弗莱彻看来，这就会“比完全没有举办世博会更加阻碍美国艺术的真正进步”。[64]

正如事情的发展所揭示的那样，弗莱彻的担忧在不久之后就应验了。如今的普遍观点是，诸如弗莱彻一般的评论家对世博会建筑提供的范本所表现出的担忧是合理的。埃里克·马蒂证实道：“哥伦布纪念博览会所彰显的古典主义……成为美国事实上的民族风格，这见于不可胜数的政府大楼与市政建筑之中。”而且“当设计最前卫的摩天大楼如雨后春笋般在芝加哥拔地而起时……世博会却基本上对发生在周遭建筑界中的事情充耳不闻”。[65]罗伯托·卡维伦在代尔夫理工大学建筑系列丛书的其中一册，出版于2000年的《世界博览会》一书中附和了当下这种正统观点：“在美国各处建起的办公大楼与摩天大楼都使用了钢材结构，采用了典型的朴素无华、功能主义的设计风格。因此，世博会历史化的白色建筑，看起来就是现代建筑发展史上的一次倒退。”[66]

基于以上原因，马蒂总结道，世博会古典主义建筑的“保守主义长期以来一直饱受诟病”。但这无疑是将一个明显自相矛盾又相当复杂的文化现象简化了。从另一个角度看，大众似乎对在美国中西部完美重现出罗马与威尼斯的形象而感到欣喜万分，正如马蒂所指出的，世博会的建筑“引起了美国公众的强烈共鸣”，也促进了珍贵的文化倡导活动，诸如在罗马成立的美国学会，旨在从事古典主义建筑方面的研究，并探讨它在当下的持续影响。[67]

而且，关于1893年摩天大楼在美国各地渐次拔地而起的陈述也是不实的，它们也并不都“朴实无华”。路易斯·沙利文在1892年写道，“要是我们能够克制自己，完全不使用装饰物，对我们的审美而言是大有裨益的”，这样造出的大楼依靠“规模与比例”所产生的效果，即使“不加修饰也清丽可人”。[68]后来，他又以更加简明扼要、令人印象深刻的方式提出了自己的主张：“形式永远追随功能。”[69]然而，就连沙利文本人设计出的建筑也是有装饰的，虽然这种装饰在很大程度上是受到自然的启发，而不是沿袭了某种传统的历史风格。他的装饰与建筑结构浑然一体，而不仅仅应用在建筑的表面上。

19世纪90年代，美国建筑界分化成的两大阵营——新古典主义者与芝加哥早期现代主义创新者——也未能顺利推翻这个显而易见的悖论：世博会上的许多古典主义建筑是由芝加哥学派的建筑师设计建造的。而对世博会追求古典主义设计的谴责还引发了另一个严重问题。有时候，建筑所造成的最直接的影响是显著而杰出的。世博会上建造的展馆虽无法仰望即将到来的现代主义建筑先驱之项背，但以其自身宏大的规模、自信无畏的风格而言，它们也抓住了美国的精神。关于这一点，只需引述两个事例即可说明——可以想见，这二者无疑均源于纽约。约翰·默文·卡雷尔与托马斯·黑斯廷斯均受教于法国巴黎国立高等美术学院，都曾效力于麦基姆－米德－怀特建筑设计事务所，直至19世纪80年代。1897年，他们创办了自己的事务所并赢得了纽约公共图书馆设计大赛。这座于1911年竣工并对外开放的图书馆，采用了恢宏壮丽、博大精深的文艺复兴式设计风格。在很大程度上，通过伟大的古典主义建筑表达，这座图书馆庄严肃穆的文化氛围就已展露无遗。它迅即成为，而且如今依然是纽约市最为人喜爱的公共建筑之一。

相比之下，同样作为古典主义的体现，宾夕法尼亚州火车站的影响力更大。正如阿特伍德在世博会上建造的铁路“候车厅”一样，宾夕法尼亚州火车站是个在建筑规模与野心上可以与罗马巨大的拱形卡拉卡拉浴场相提并论的惊人之作。它在1901年由麦基姆－米德－怀特建筑设计事务所设计建造完成之后，立即成为凸显纽约作为交通枢纽的重要地位的象征。同时，这个不朽之作也向客户证明了建筑师有能力将卓越性能、文化传统与建筑之美融为一体。火车站的设计旨在形成一个震慑点，让人们在进入这座世界上最伟大的城市之一时，切身感受到它带来的震撼。它确实成功了。时至今日，人们仍在为1963年不幸痛失这座绝妙的火车站而哀叹惋惜。

“白城”的影响

诸如纽约公共图书馆与宾夕法尼亚州火车站这样的古典主义杰作，在其恢宏的建筑风格上无疑直接受到了芝加哥世博会的影响。然而，世博会留给后人的东西，以及它所代表的美国愿景也体现在许多其他方面。这其中有一些是直接且有益的，另一些则是微妙、麻烦的。例如，在1893年后繁荣了10年的“城市美化”运动就是从“白城”所展现出的完美古典主义风格中汲取的灵感。事实上，伯纳姆于1906年为芝加哥制订的计划就可被看作是城市美化运动的体现。这个计划主要是具有前瞻性而非现实意义的城市发展规划，同样，在它身上也有一抹由英国倡导的“花园城市”的影子，因为在伯纳姆的芝加哥综合性规划方案中，提到了要让每位居民只需通过较短路程的步行，就可抵达一座公园的愿景。这项计划由芝加哥商业俱乐部资助，而伯纳姆保留了他一贯的精明商人的做派，通过投入时间起草计划而获得了许多正面宣传，也确保了他作为芝加哥卓越建筑师所占据的关键地位。这项运动最重要的支持者，包括理查德·M. 亨特，认为美丽协调的建筑与全面统筹、平衡发展的城市将会引导社会和谐、秩序井然、民风淳朴。这种倡议看似无害，甚至还有点天真，但这场运动可能还存在不太光彩的一面。在许多方面，这场运动都是针对美国许多大城市中日益扩张的廉租公寓区而展开的，那里的主要住户都是贫穷的移民。由于移民的高出生率以及人们对外来群体普遍无知，所以一些美国精英人士认为，贫民窟不受控制的发展正在让城市堕入混乱的深渊。在这样的背景下，城市美化运动与1893年的那场世博会一样，也可被看作是另一种形式的“美国例外论”。二者均意在讴歌、宣扬当时被美国有钱有势的阶层所接受的观点。从本质上来说，这就是美国在过去短短的一百多年时间里所取得的伟大成就。包括它尚未取得的那些，曾经是，未来也会是，几乎全是由新教徒、贵格会教徒以及欧洲移居者取得的；美国的伟大是这些人在社会、艺术方面实现的个人价值凝聚而成的，是在领土扩张的野心得到满足后获得的。芝加哥世博会对美洲原住民无甚关注，而对欧洲之外的文化与国家的刻画又展现出高人一等的姿态，这真是不同寻常。例如，在世博会大道乐园的展示区域里设置着：一个“爱斯基摩村落”，因歪曲与剥削因纽特人而激起了他们的公愤；[70]一个中国的“鸦片窝”，还有被当作原始人展示的非洲土著人——他们被安置在充满异域风情的被称作“大猎物”的动物旁，一并供人参观。

排斥非裔美国人的世博会

这些粗鲁的展示已经够糟糕了，但更重要的，而且即使现在看来也让人无法理解的是，芝加哥世博会将非裔美国人的故事排除在乐观向上的美国史之外。他们中的许多人也只是刚刚才逃离了生而为奴、终生为隶的恐惧与耻辱而已，然而，数代人被迫做苦工，为美国经济发展、民族品格的塑造所做的贡献却都被否认。虽历经重重苦难，非裔美国人仍为这个正在崛起的国家——尤其是在内战结束后的岁月里——做出了巨大贡献。世博会是一次拨乱反正、重新开始的机会，是一次认同非裔美国人做出的创造性贡献的机会，然而世博会对这一状况未能应对自如。世博会的失败无疑给它戏谑的称号“白城”添加了一层令人尴尬的内涵。

排斥非裔美国人参加世博会的现象在当时引发了关注，并促使弗雷德里克·道格拉斯撰写了一份宣传册的前言。弗雷德里克·道格拉斯先前为奴，后来在美国内战时期成为废奴运动与非裔美国人人权运动领袖。这份题为《美国有色人种没有出现在芝加哥世博会上的原因》（*The Reason Why the Colored American is not in the World's Columbian Exposition*）的宣传册出版于1893年世博会接近尾声时。

道格拉斯的文字如今读来依然庄严凝重、铿锵有力。他以意在调解、缓和的语言开篇，陈述道：

> 通过对财富与权力的精彩展示，通过在艺术、大量建筑与其他景观上取得的巨大成功，哥伦布纪念博览会相当中肯地表明了美国人民乐观、自由的情绪。对美国有色人种来说，从道德层面上讲，现在举办的世博会并不是涂了白漆的坟墓。

但是，对于美国那些想要参加庆典的“有色人种”来说，世博会实际上就是荒唐、伪善的。它就像坟墓一样，外面闪闪发光，很是好看，里面却掩埋着腐朽堕落与“一切污秽”（《马太福音》23：

27）。为了说明非裔美国人的困境，道格拉斯指出：“长久以来，这个国家存在着一种不平等的制度。这种制度能够蒙蔽道德的感知、扼杀良心的声音、钝化人类所有的感受力、败坏我们在此宣称的信仰中最通俗易懂的教义。这种制度……在托马斯·杰斐逊这个奴隶主看来，用他自己的话说就是，当他想到‘上帝是公正的，他的公正是不会永远休眠的时候’，他‘就为他的国家颤抖’。这种制度就是美国的奴隶制。尽管它现在已经被废除了，但它的亡灵仍然阴魂不散，美国有色人种依然是遭受着‘歧视、仇恨与鄙夷’的受害者。”

因此，当被问及“为什么我们被哥伦布纪念博览会排除在外”时，道格拉斯给出的答案简洁明了，那就是因为“奴隶制”。道格拉斯对这种双重标准表示愤怒，而这也严重玷污了“白城”的光辉形象：

> 如今美国首次在全世界面前摆出一个高度自由、文明国家的姿态。诚然，在许多方面，她确实名副其实。在她的盛情邀请与热烈欢迎之下，各地民族来到了这里，这是自五旬节以来，在世界任何地方都不曾有过的盛事——有日本人、爪哇人、苏丹人、中国人、锡兰人、叙利亚人、波斯人、突尼斯人、阿尔及利亚人、埃及人、东印度人、拉普兰人与爱斯基摩人。

但是，“就像是要有意羞辱黑人一样”，黑人在世博会被当作“令人厌恶的野人”进行展览。道格拉斯承认，美国人民“是伟大、坦荡的人民，而且这次盛大的世博会为他们带来了巨大的荣耀与名誉。但是，在因成功而感到自豪的同时，他们也有需要做出忏悔、表现恭顺的地方，这么做既是出于羞耻心也是缘于荣誉感”。

如果这些文字在当时只被看作一位为美国的道德良心大声疾呼的资深演说家忧郁的沉思，那么宣传册的另一位撰稿人就明确指出，道格拉斯笔下的邪恶并不只存在于奴隶制时期，如今它们仍然猖狂。艾达·B. 威尔斯在她的文章中提到，就在1893年7月7日，世博会开幕后两个月，一个名叫C. J. 米勒的黑人男子在肯塔基州巴德韦尔市被一群疯狂的白人暴徒以私刑处死了。事件发生的两天前，两名白人女孩在自家附近被谋杀，在没有证据，确切地说，是在与所搜集到的证据相左的情况下，米勒被暴民抓捕、虐待，却没有经过任何应有的调查与审判。尽管米勒一再坚称自己清白无辜，他还是被当众处以绞刑。他们将一条伐木用的铁链的一端缠住他的脖子，再把另一端挂在电线杆上。米勒的行刑人拍下了他近乎全裸的身体，这张照片最终被刊登在宣传册上。没有人因为米勒被杀而遭到逮捕、受到起诉。威尔斯生在密西西比州，是黑奴与白人奴隶主的女儿。在勇气与强烈正义感的驱使下，她在美国内战后成为一名民权运动的领军人物。在世博会闭幕的那些日子里，威尔斯亲自走上街头，将宣传册分发给游客们，让他们知道，仅仅在过去一年的时间里，就有235人被以私刑处死，其中大多数受害者都是非裔美国人，而且这种恶性事件并不只发生在美国南部。也许，许多游客对此并没有如他们应该感到的那般震惊，因为这种邪恶无论在时间上还是在空间上都离他们并不遥远。正如唐纳德·L. 米勒所记录的那样，1893年春，在芝加哥的一辆有轨电车上，两名世博会的建筑工人——一个黑人与一个白人发生了争斗。那群受到种族主义思想毒害的旁观者，那群暴民，冲向那个非裔美国人，勒住他的脖子。“在光天化日之下，在数百名目击者面前，他们把他吊在一个街灯柱上。他们中的许多人还尖叫说：‘吊死他，吊死这个黑鬼。’”后来，这个人并没死，因为两名英勇的警察迅速赶去救了他。“他们用警棍在疯狂的暴民中开出一条路来，并且不得不鸣枪示警。”面对暴动的乌合之众，两名解救者与这位受害人不得不在附近的一家药店里寻求庇护，直至增援的警察赶到才得以脱险。[71]

考虑到这些新近发生的恐怖事件，可能现在看来有些奇怪的是，道格拉斯居然在宣传册的前言中写道，“我们将会因为发表了这本册子而受到谴责”，因为发表时机“会被看作不合时宜”。也许这样的担忧毫无根据，因为它的出版旨在对世博会做出即时回应与反击，因此时机至关重要。但是，毫无疑问，道格拉斯是对的。发行这样一本宣传册，里面还刊登有恐怖的照片，必然激怒了“白城”那些兴高采烈的组织者与观光客，而他们并未如预期中的那般受到震撼。事实上，这的确是一份非常严肃的文件。宣传册的结尾并非充斥愤怒，而是充满悲伤。F. L. 巴尼特也只是说，随着“哥伦布世博会接近尾声……木已成舟，伤害无法补救”。未给“美国有色人种留有一席之地，让他们展示自我，这并不是我们造成的。我们现在唯一希望的就是，一些美国人大声宣扬的自由精神与机会均等能驱使这个国家在下一次举办举国盛事时，让美国的有色人种得以保有自己的席位，而不至白白恳求”。

世博会与女性解放

也许，世博会对非裔美国人的排斥的确唤醒了人们的羞耻心，也或许这种羞耻心确实能保证这样的事不会再次发生——现在很难做出这样的结论。但是，如果情况果真如此的话，那么就可以说世博会最终确实对修复种族关系、增强美国凝聚力起到了积极作用。也许，还可以说世博会对美国妇女解放也起到了同样的作用。建造妇女馆引发了争议、激发了不合。尽管此举可被看作是美国对妇女地位的认可，但它也被人谴责说这无非是屈尊纡贵的象征性表态而已。诚然，在短期内，世博会为妇女权利所做出的贡献少之又少，甚至可以被忽略不计。她们依然生活在男权社会之中，没有政治权利。直至1920年，美国妇女，无论是非裔还是白人，才获得了选举权。

但是，妇女馆的建造也讲述了另一个故事，是关于在19世纪末，野心勃勃、有权有势的女人们如何在男权主导、商业称雄的芝加哥运筹帷幄的故事。在这个发生在妇女馆的演化过程的故事中，主人公是在社会交际中极具野心的伯莎·帕尔默。她的丈夫是成功的芝加哥商人波特·帕尔默，以做纺织品与法国时尚女装生意起家（最终他将商店转卖给一个财团，这个财团后来发展成马歇尔－菲尔德百货公司），之后转业成为酒店老板与地产大亨。在妻子的影响下，帕尔默除了在商业上的兴趣外，无疑也发展出了对进步艺术的兴趣。在19世纪70年代至90年代期间，夫妻二人成为非常有影响力的收藏家。起初，他们的咨询顾问是二人在巴黎艺术领域中的领路人、费城美学主义者莎拉·泰森·哈洛韦尔。但是，到19世纪90年代初，他们已经成为法国商人保罗·杜兰德－鲁埃尔的顾客。杜兰德－鲁埃尔几乎凭一己之力就打开了印象派艺术的国际市场。这个市场诚信可靠，商品无比珍贵。

由于杜兰德－鲁埃尔的影响力与极具说服力的营销技巧，到了举办世博会的时候，帕尔默夫妻已经收购了莫奈画作29幅、雷诺阿画作11幅。哈洛韦尔希望芝加哥沐浴在她认为的极品现代主义艺术的荣光之中，于是，她劝说帕尔默夫妻买下奥古斯特·罗丹的作品。她的最终目的是让罗丹的作品在世博会上展出，但是，这场文化政变几乎失败了，因为罗丹裸体雕塑的大胆露骨惊动了世博会委员会中的一些人。*

鉴于在商业与文化方面的人脉及成就，帕尔默家族在世博会的规划与建设中起到了至关重要的作用。伯莎起到了主导作用，因为她有时间、有意愿这么做，而且她很享受身上的社交光环以及文化领袖的身份。于是，在1891年，她成功地使自己当选为在世博会上颇具影响力与声望的“妇女管理委员会”主席，而正是这个委员会选定索菲亚·海登为妇女馆的建筑师。但是，不久之后问题就来了。帕尔默试图干涉海登的设计工作——看起来，她想在妇女馆里陈列她的女性友人所拥有、收集或创作的作品，把委派工作变成一次个人赞助活动。自然而然地，海登按原则办事，拒绝了帕尔默的要求。然而，帕尔默没有因此尊敬这位年轻建筑师的职业操守与正直坦荡，

* 帕尔默家的收藏现为芝加哥艺术学院印象派藏品的核心构成部分。

而是终止了她与妇女馆工程的合作，将她解雇了。这看似残酷无情的举动反映出19世纪90年代女性社会活动家之间深刻的分歧。一方面是像帕尔默一样的女性，她们路子广、人脉多、丈夫财力雄厚且支持女性艺术事业。她们自己热心公益，但接受社会、政治、性别与种族的现状。当非裔美国民权运动家艾达·B. 威尔斯东奔西走，积极活动，为非裔美国女性在世博会“妇女管理委员会”中争取一席之地时，伯莎·帕尔默给出的回应是，指派一名来自肯塔基州的白人女性“代表有色人种”。[72]毫无疑问，人们觉得这件事耐人寻味、意味深长。另一方面是渴望重大社会变革与完全民权的妇女参政论者，她们大多是像海登一样的年轻职业女性。虽然这两个群体之间不乏相似之处，但她们实难共存。[73]

帕尔默似乎动用了一些关系，让坎达丝·惠勒取代了海登的位置。时年66岁的惠勒是一名资深室内装饰艺术家，事实上，正是她将室内装饰作为一个体面、有偿的女性行业引进了美国。而且，与帕尔默以及她的许多熟人一样，惠勒也来自一个富有、体面、受人尊敬的贵格会教徒家庭。毫无疑问，帕尔默觉得这位新上任的惠勒在社会地位上与她更相称。但是，惠勒也是一个强势的女人，她的社会良知经过了反复打磨，而且她对女性权利的关切众所周知。显然，她不会唯帕尔默马首是瞻。到19世纪90年代初，她已经广泛地掌握了世界各地的艺术风尚，诸如唯美主义运动与工艺美术运动，并在美国本土的殖民复兴风格运动中扮演着举足轻重的角色。美国的殖民复兴风格就像英国的安妮女王风格一样，在博采众长、优中选优之后，成了本土古典主义风格的一种强有力再现。

此外，与她展现出的对瞬息万变的时尚动向的极度敏感性相比，更让人感兴趣的是惠勒在1877年成立了纽约装饰艺术协会，以及于1878年成立了纽约妇女工艺品交易所的事情。这两家机构均为女性提供了在艺术与装饰领域独立工作、赚取薪酬的机会，为支持者提供了宝贵的人脉资源以及参与光鲜社交聚会的诱人机遇。惠勒在这两个团体中的伙伴包括路易斯·康福特·蒂芙尼与伊丽莎白·卡斯特。伊丽莎白的丈夫是1876年6月牺牲于小比格霍恩河之战的名誉少将乔治·阿姆斯特朗·卡斯特将军。与卡斯特将军一同殒命的，还有由他指挥的第七骑兵旅的268名将士。当时，卡斯特将军在受到误导的情况下，攻击了人数远超己方的印第安人苏族拉科塔部落与夏延族联军。

一些令人敬畏的女性在很大程度上塑造了19世纪末的美国，她们对世博会做出了重要贡献，即使是在幕后也扮演着重要的角色。伊丽莎白·卡斯特正是这些可敬女性的代表。当初，在她丈夫那震惊世人、举国引以为耻的惨败消息传来之后，尤利西斯·格兰特总统立即宣布这次大屠杀“是由卡斯特本人导致的，是一场完全没有必要的牺牲”。格兰特的言论别有用心：卡斯特参与了揭露格兰特政府弊政，尤其是总统弟弟的贪腐行为的行动。然而，谢尔曼将军与谢里丹将军也说，卡斯特在敌众我寡的情况下发动进攻，实属轻率鲁莽的行为。到1876年年底，卡斯特的威信已经土崩瓦解了。但是，伊丽莎白反击了，而且她将重塑与美化丈夫的人格当作自己的终生事业来做。通过出书、讲学与游说，她终于达成了自己的目标，效果也许不够持久，但成果堪称惊人。伊丽莎白一度将卡斯特将军的形象从一个名誉受损、鲁莽冒进的机会主义者变成一个传奇英雄；把他“最后的抵抗”从令人遗憾的拙劣军事行动与称得上极其无能的惨败变成了“美国例外论”的英勇象征。

当伯莎·帕尔默把海登赶走时，妇女馆的设计图与外部施工业已完成。因此，建筑是按照年轻工程师的设计进行的。在这种情况下，只有妇女馆的室内部分是在惠特的指导下完成的，而这也就成了帕尔默和她的朋友们所关注的焦点。可以想见的是，莎拉·泰森·哈洛韦尔是帕尔默朋友圈中的核心人物之一。她主要负责委派、监督两幅巨型壁画的完成，即玛丽·弗尔柴尔德·麦克莫尼斯的《原始女人》与玛丽·卡萨特的《现代女人》。不幸的是，这两幅作品均乏善可陈，没什么名气，尽管麦克莫尼斯的《原始女人》通常被认为略胜一筹。而这两位艺术家之后再也没有创作过壁画。

更为成功的是在妇女馆中收藏的由惠勒的女儿朵拉·惠勒·基思所创作的壁画，这是惠勒设法为女儿弄到的委派工作。也许这件作品是令人鄙夷的裙带关系的产物，但实际上，1893年的基思是如此有名，如此引人关注，以至于就连奥斯卡·王尔德也被她吸引。1882年，王尔德在纽约时曾未经事先告知就突然拜访了基思设立于东23街的画室。[74]

除了创作并收集艺术品来填满妇女馆外，伯莎·帕尔默和她的朋友与顾问们还抽出时间向政府施压，要求发行世博会纪念币。随之诞生的是“伊莎贝拉25美分硬币”，一枚以曾赞助哥伦布横渡大西洋、前往新大陆的卡斯蒂利亚女王伊莎贝拉一世女王命名的银币。硬币正面是女王，背面是一位正在纺织亚麻的女性，象征着女性工业。和壁画一样，人们并未将纪念币当成珍贵艺术品。近一半的银币最终被退回造币厂熔掉了。

言及于此，人们很难觉得这些明显优越感十足的女性可爱。她们是富足的特权阶级，有些爱出风头，或者至少都是固执己见的社交能手。她们中极少有人真如自己想象的那般心地善良、富有才干，而且其中有些人显然有能力摧毁她们圈子之外的可怜人，或是那些不知怎么就越了界的人。世博会后，索菲亚·海登再无重要作品面世，这令人震惊的可怕事实无疑十分能够说明问题。我们只能推想海登因帕尔默的粗暴对待、无情解雇而承受了致命的打击，她的理想因此彻底幻灭了。

这个小团体中另一位充满自信的、围绕着伯莎·帕尔默打转的女性就是约翰·路特的妻妹，也是他的传记作家——哈莉特·芒罗。芒罗家是芝加哥名门，而哈莉特·芒罗自小就立志从事文学创作，并希望因此一举成名。芒罗曾说："我无法想象自己死时不能留下流芳后世的成就。于我而言，这将是无法承受的灾难。"[75]诗歌是她至爱的文学梦。到1893年，她俨然成了一名女诗人，至少这个名声在她芝加哥的交际圈中流传开来了。她成功地获得了撰写官方诗歌以庆祝世博会开幕的委派工作。颂诗主要赞美了在芒罗看来开明、高尚的美国民主理念，这是美国送给全世界的礼物。它的包容性与自由开放的特征通过美国独立战争传播，并借由美国内战中联邦军的胜利得以巩固加强：

……如今民主确已苏醒、崛起

于甜美的少时怠惰之中。
历经风暴日益坚强,
不懈追梦越发睿智。
紧握真理之手……
饱读知识之书。
再无饥馑压迫,
爱传寰宇人间……[76]

这首颂诗提高了芒罗的知名度。然而不幸的是,她的收入却并未因此而提高。但是,她正在酝酿一个计划。当《纽约世界报》在未经芒罗同意的情况下擅自刊登了她的颂诗时,她一纸诉状将对方告上了法庭,并最终获得5000美元的赔偿金。后来,她用这笔钱再加上其他一些基金,创办了《诗歌》(*Poetry: a magazine of verse*)杂志并自任主编。这本起先推介艾兹拉·庞德,后来宣传T. S. 艾略特的杂志,在很长一段时期内都办得很成功。芒罗与许多跟她同时代的芝加哥女性一样,意志坚定、足智多谋、精明异常。她是芝加哥圈内人,又对姐夫一往情深,因此她对世博会的看法就相当有趣。在她写作的路特传记中,芒罗不仅极力强调路特为已建成的世博会贡献了许多创意,还擅作主张地告诉全世界,假如路特没有在1891年1月意外死亡的话,如今的世博会将成为什么样子。"如果他还活着的话,"芒罗写道,"如果他的想法占了上风,哥伦布纪念博览会

下页图
查尔斯·阿特伍德设计的哥伦布四马双轮战车与圆柱门廊,
上刻标语"你们必晓得真理,真理必叫你们得以自由",献给
"为公民自由与宗教自由献身的先驱们"。

YE SHALL KNOW THE TRUTH AND
TO THE PIONEERS OF CIVIL
BUT BOLDER THEY WHO
THEIR MOORINGS FROM
AND VENTURED CHART
CHAMPLAIN
PENNSYLVANIA
RHODE ISLAND
VIRGINIA

AKE YOU FREE
TOLERATION IN RELIGION THE BEST FRUIT OF THE LAST FOUR CENTURIES.
DESOTO
GEORGIA
KENTUCKY

园区将会成为一座色彩之城。它将是一位身着华服，去参加节日庆典的女王；而非衣着圣洁，一副前往婚礼圣坛的模样。”[77]

然而，芒罗对世博会观察后得出的评论并不只关于表面的颜色，她探讨得更深入，直击“白城”古典主义建筑的本质及意义。

对芒罗来说，世博会的建筑是令人失望的，更确切地说，她相信这也会是让路特感到失望的：

作为一名建筑师，路特的信条当中的基本点就是真诚：大楼要能如实反映出建筑功能与材料。因此，他不可能设计出像如今世博会主要展馆那样的建筑来。它们是用“纤维灰浆”混合物造的、冒充大理石建筑的仿制品。路特也不会采用古典主义的装饰物，因为这无法体现当代美国世博会的目的。[78]

实质上，芒罗是在为芝加哥学派的早期功能主义方法做辩护，这也预示出20世纪初前卫的现代主义者对建筑中所表达的历史主义风格的敌意。假如路特健在，并且有效地管理世博会的建筑师，“白城”的建筑就会大不相同：不会顺从地接受欧洲的伟大，也不会复刻欧洲的文明。“白城”的建筑将会更直接、更具有说服力地展示美国的“强大富足与热情奔放”，表现这个国家的“激进民主”。1893年，“胜利之后稍事休息，在一曲凯旋赞歌之后，还会继续前行”。[79]然而，身为芝加哥当权派中的一员，芒罗的批评最终还是审慎克制的，似乎生怕触怒了缔造“白城”的权贵。因此她只是向读者保证说，建成的世博会与依她之见的路特所设想的世博会“均值得尊重”。但是，一个是“精美的化身”，建成后“誉满天下”；另一个只存在于构想阶段，因此“随着一个伟人的离世而化为乌有”。[80]

相比之下，路易斯·沙利文则更加激进。在世博会结束25年之后，他写到，在伯纳姆极力推崇、大力发展下的世博会，是一种“病毒”。沙利文预言，它对美国建筑业的“荼毒”将“自其出生之日起，持续半个世纪——或者更久”。如他所见：

在建筑界滋养一段时间后……古典主义与东方文艺复兴风格突然暴发。它们慢慢向西扩散，所及之处无一幸免……因此，建筑死在了自由之国、勇敢之乡，而这片土地曾宣扬它狂热的民主与非凡的创意……独一无二的成就与大胆无畏的进取心。因此，当这异族、势利的文化病毒大行其道之时，我们就土崩瓦解了。[81]

沙利文还暗示，世博会掀起的布杂艺术古典主义风格的流行风尚，至少在部分上是导致他的“功能主义”建筑事务所在1894年经营困难的原因。由于1893年发生在全国范围内的经济危机，阿德勒－沙利文建筑设计事务所自同年起接到的委派工作已无法维持正常运转，加之两位合伙人之间的分歧日益加深，事务所最终于1894年解体。沙利文一直苦苦支撑到19世纪90年代末，但是，在1899年由他设计的芝加哥卡森－皮里－斯科特百货公司大厦落成后，沙利文就不再接手大型设计项目了。这座12层高的百货公司大厦采用了极简主义的风格，设计一流。

在自传中，沙利文将自己建筑梦想的破碎归结于多方面的原因，其中包括诸如伯纳姆一般的商人建筑师以及所有投机商身上的盈利思想。在沙利文看来，伯纳姆就像奥斯卡·王尔德说的那类人一样，他们知道“所有东西的价格，却不知道它们的价值”[82]。沙利文以一种预示世界末日般的口吻解释道，1893年的金融风暴“将投机倒把的纸结构金字塔彻底卷走。它的暴雨冲走了虚构的收益；它那注满毒素的雨滴复仇般地降落在不义与正义之人的头上，不加区分，似乎要以活人献祭的方式让人赎罪”。看来，阿德勒－沙利文建筑设计事务所就是一件祭品，这二人毫无疑问是自诩“正义”之士中的一员。[83]

死亡与白城

参与了世博会工作却突然离世的人不止约翰·路特一个。事实上，这项事业似乎一直被死亡的阴云笼罩。如果有人愿意相信，他们就会觉得1893年的芝加哥世博会遭受了诅咒。路特之死的意义尤为重大，原因有二：一是路特的辞世正值世博会筹划的关键期；二是路特之死导致他在世博会建筑设计方面的各种构想都化为泡影。然而，同样发生在1893年，与芝加哥居民H. H. 霍姆斯相关的多起突发性死亡案件更加骇人听闻。

埃里克·拉森在其于2003年出版的《白城恶魔》（*The Devil in the White City*）一书中，高明地将这个故事放在世博会的大背景下，辅以令人敬佩、富有洞见的细节描写。这本非虚构类作品的副标题是“在改变美国的世博会期间上演的谋杀、魔幻与疯狂”。它采用双线叙述的手法，讲述了伯纳姆与世博会，以及罪犯、连环杀手贺曼·韦伯思特·马盖特的故事。马盖特后来化名为H. H. 霍姆斯医生，在芝加哥建起一座旅馆，并将其取名为“世博会旅馆”，意图吸引蜂拥而至的参观者。但是，霍姆斯的目的，至少他的首要目的并不是从这些世博会游客身上赚钱，让他感兴趣的是死亡与骇人的折磨。正如拉森在封面宣传语上所点明的那样，伯纳姆与霍姆斯“一个建造了人间天堂，另一个在旁边盖了座地狱”。

凭借自己的如簧巧舌与社交技巧，霍姆斯设法分别请几批不同的建筑工人为他建成了那幢位于西63街601－603号的邪恶旅馆。它如此之大，以至于被当地人称作“城堡”，也因为它太大了，所以没人注意到那里究竟发生了什么事情。旅馆房间像迷宫一样，安装着假门和单向门，目的是让房客置身其间感到晕头转向，受困无法离开。旅馆客房实际上就是毒气室，其中甚至还设有一间火葬场，用来处理部分受害者的遗体，而剩下的都被他卖给了从事医学实验与科学研究的人。还有其他一些，可能是他偏爱的受害者们的遗体，被霍姆斯小心翼翼地割皮去肉，只留下一具具白骨，装柜陈列。没人知道那段时间里霍姆斯到底杀了多少个人、害了多少条命。有人估计超过20人，也有人说超过200人。

1893年的金融危机重创芝加哥，霍姆斯也因此债台高筑。他不得已抛下了他的“城堡”离开这座城市。在接下来的一年里，他进行了一系列的诈骗，1894年11月，他在波士顿被捕。后来的调查渐渐揭露出发生在那家恐怖旅馆里的可怕故事。霍姆斯接受了审判，承认自己谋杀了27个人，最终于1896年5月在费城被绞死。霍姆斯从未试图解释自己的犯罪行为，但是，他在最初宣称自己无罪之后，又转而借口鬼上身，企图为自己辩护。默默讲述着这些恐怖罪行的物证包括被抛弃散落在旅馆内部及周围的受害者遗体残骸与他们的遗物。但是后来，在1895年8月的一场大火中，霍姆斯的旅馆被焚烧殆尽，最后的残迹直到1938年才被彻底清除。

当霍姆斯已经为这些恐怖谋杀布好景、搭好台时，另一些人的死亡也在干扰着世博会的筹建工作。1893年1月13日，奥姆斯特德的合伙人、曾为世博会的布局提供了重要设计创意的亨利·S.科德曼在阑尾切除手术后突然离世。科德曼死后第二天，刊登在《芝加哥论坛报》上的讣告指出他在世博会的筹备中起到的关键作用，并确认了当时被大众普遍认可的选定世博会会址的方式。讣告写道，奥姆斯特德和科德曼“跋涉于多处待选场地。最后，他们的研判以选中杰克逊公园而告终”。讣告肯定地说，科德曼“在所有关乎世博会设计建造的事宜上，积极地为领导人伯纳姆建言献策”“‘白城’中所有建筑物没有哪座的建筑线条与选址不是经过科德曼先生同意的”。伯纳姆在他的传记中说，科德曼“知识渊博、直觉敏锐。他从未失败过……这个男人是为我所敬爱的”。[84]在距世博会开幕仅三个月的时候失去伯纳姆口中这位“世博会拥有过的最优秀的人才之一”[85]，一定对整个计划造成了极其严重的创伤。

接着，1893年10月28日，距世博会闭幕仅剩两天时，芝加哥市长卡特·亨利·哈里森在自己的家中遇刺身亡。一名因找不到工作而心灰意懒、愤愤不平、精神失常的人行刺了这位曾大力支持世博会建设的市长，市长的遇害反映出世博会期间时局的动荡不安。在世博会开幕的那个春天，芝加哥一派蒸蒸日上的繁荣景象，人们希望满怀。但到了世博会闭幕的10月底，芝加哥已被“经济危机与劳工暴动”[86]弄得四分五裂。空气中弥漫着绝望与疯狂的气息，而第五次担任芝加哥市长的哈里森也就成了群众不满的焦点，成了动荡时局里最显要的牺牲者。

紧接着，又有许多组织建设芝加哥世博会的领袖人物相继去世。1895年12月19日，查尔斯·B.阿特伍德故去，他死时的情形至今令人费解。1894年，作为对阿特伍德在世博会上所做杰出贡献的表彰，以及对他一贯的设计才能与勤恳做派的认可，伯纳姆提拔阿特伍德为伯纳姆公司的合伙人。然而，才过去一年左右的时间，当阿特伍德完成瑞莱斯大厦项目时，问题出现了。阿特伍德日益虚弱，还时常从事务所神秘失踪。伯纳姆疑窦丛生、怒不可遏，惯于为公司利益着想的他决定出面加以干涉。1895年12月10日，伯纳姆命令阿特伍德提前"退休"，他被解雇了。9天后，阿特伍德就因"过度劳累"去世了，当时人们是这么说的，但是伯纳姆对于此事有着自己的见解。后来，伯纳姆与他的传记作家查尔斯·摩尔分享过这个观点，他说阿特伍德在临终前几年已经吸食鸦片成瘾，最终也因此丧了命，或者如摩尔所言，阿特伍德最终"屈服于他唯一的敌人——他自己"[87]。

唐纳德·霍夫曼说，现存于伯纳姆博物馆的伯纳姆公司日志记载了1895年阿特伍德在事务所断断续续的考勤记录、迫使他"退休"的决定以及伯纳姆对摩尔讲述的关于阿特伍德一事的看法。伯纳姆说阿特伍德"自己惹麻烦上身，吸起了毒。我当时不知道，我们没人知道"[88]。

阿特伍德死后数月，理查德·莫里斯·亨特也去世了，这个男人几乎凭借一己之力确定了"白城"展馆整体的古典主义设计风格。然而，他的死并非不合时宜，也没有出人意料。离世时，亨特已经

68岁了。“白城”之后，他除了为纽约大都会艺术博物馆在第五大道上的设计建造了一个宏伟古典的入口之外，就再没有多少突出的成就了。这个入口有着罗马凯旋门式的造型，外覆白色石材，饰有圆柱。亨特的这个创造，在本质上是向首创于芝加哥世博会的、既华丽又短暂的灰泥与波特兰水泥混合物“纤维灰浆”的永恒致敬，毕竟这种混合结构是他在芝加哥为梦幻般的“白城”苦思冥想出来的。

落幕

芝加哥世博会按计划于5月1日盛大开幕。考虑到它的规模与复杂性，开幕式本身就足够称为一项非凡成就了——尽管开支严重超出预算，使它的成功略有瑕疵。世博会园区占地面积约2.67平方千米，根据当时的记载，这项盛事的举办共花费375万英镑。相比之下，1889年的巴黎世博会仅占地0.7平方千米，花费130万英镑。[89]甚至在芝加哥世博会正式开幕之前，人们就已经预想到了它的成功。3月25日，一场盛大的庆祝晚宴在纽约举行。宴会不言自明的目的是向世人证明，争夺世博会举办权的城市如今都已冰释前嫌，全美上下一心、共同预祝即将举办的世博会圆满成功，一切顺利。伯纳姆在晚宴上发言，对所有参与组织筹备世博会的人员大加赞美，其中包括约翰·路特：“我亲爱的搭档……正当他忙忙碌碌地制定我们从此刻即开始遵循的世博会设计图时，他病倒了。”[90]因此，可以载入史册的是，伯纳姆在这个重要的场合证实了路特就是为世博会——如果不是指建筑物本身——制定设计图的人。

当世博会于10月30日闭幕时，尽管当时经济低迷，芝加哥市长刚刚遇刺身亡，非裔美国人群体持续不断地公然抗议，反对世博会将自己排斥在外，但它的举办仍然被认为是巨大的成功。

世博会被公认为大获成功的一个十分重要的原因是本次参观人数达到2730万人。这意味着超过三分之一的美国人参与观看了这场展会，也说明他们每人都支付了25美分来购买世博会的入场券。更重要的是，当时美国人意识到，这是会被载入史册的事件。艺术历史学家、自由主义活动家查尔斯·艾略特·诺顿，这位被许多人视为美国最“有教养”的人在世博会闭幕之际观察到，一直以来“它展览的都是美国，无论是如今的方方面面，还是未来的潜力无限”。而且，作为“这个国家过去的一切与将来的可能”的象征，世博会的成功对许多人而言意味着“美国文明”已经在天平的衡量中得到了平衡，而且就总体而言，并没有缺斤短两。[91]

世博会被认定为成功还有其他方面的原因，包括它囊括了许多第一，并因此最终于细微处深刻地影响了美国人的生活方式。当然，这其中包括乔治·法利士那高达80米的轮子。世博会之后，“大轮子”被确立为节日特色娱乐活动。摩天轮是如此受欢迎，以至于对世博会的召开能够得以收支平衡而言实属功不可没。直至6月，摩天轮才开始营业，但它能够——而且通常也确实如此——以50美分的单人票价同时承载2160名游客。世博会同样也提供了展示电力的橱窗：电灯将世博会照得灯火通明，各种电动装置也在展览之列，包括自动传送带，还有在世界范围内首次亮相的霓虹灯。

芝加哥世博会中，还有许多后来家喻户晓的消费品品牌携其产品首次亮相，如桂格燕麦、麦片和水果软糖。本届世博会也将汉堡包介绍给了热切期盼又易于接受新事物的消费者。更微妙有趣的是，世博会以润物无声的方式影响了大众的观点、激发了更多的创作发明。聚集在“大盆地”周围如仙宫般的古典建筑，也许正是L.弗兰克·鲍姆1900年出版于芝加哥的图书《奥兹国的魔法师》中翡翠城的原型。这些展馆，连同摩天轮与世博会游乐场，可能也对华特·迪士尼充满幻想的主题公园产生了深远的影响。当然，迪士尼的父亲伊利亚斯当年曾是参与“白城”项目的建筑工人。可能在与家人的交谈中迪士尼了解到了“白城”，尽管事实上，当1901年迪士尼出生于芝加哥时，几乎全部的世博会展馆都已被毁损。世博会、其意象与周边制品以这些方式，为美国的神话、传奇与想象提供了素材与灵感。

* * * * * *

瑞莱斯大厦

瑞莱斯大厦珍藏着一些秘密。人们普遍认为，约翰·威尔伯恩·路特在1891年1月离世之前就启动了这个项目，并设计出了大厦的地下室与地面层。然而，他对大厦上部楼层的设计与建造究竟构想到什么程度了呢？路特是否为这个前卫的大楼项目确定了后续的发展方向？抑或大厦上部楼层的设计完全出自查尔斯·B. 阿特伍德之手？阿特伍德是由丹尼尔·伯纳姆于1893年7月指派完成大厦建设工作的人，1894年5月至1895年3月间的工程进展都由他监督完成。[1]这一事实在某种程度上让这个谜团变得更加扑朔迷离了，因为阿特伍德死于1895年12月，正如路特在完成了他负责的设计部分之后去世了一样，瑞莱斯大厦似乎有意将关于自己诞生的秘密带进建筑师的坟墓里。而且，关于大楼的设计构想具有极其重大的意义，因为瑞莱斯大厦，基于其建造方法与建筑材料，还有为使大楼正常运作而使用的新兴技术，是建筑史上所占地位至关重要的一栋大楼。

在瑞莱斯大厦经历数十载的风化腐蚀后，20世纪90年代，芝加哥建筑师T. 甘尼·哈尔伯凭借自己渊博的学识对它进行了修复与维护。对于如今的瑞莱斯大厦而言，哈尔伯是一位权威专家，而且正如他本人所言，“没有哪座大厦能以最具权威的形式，更好地代表芝加哥在金属框架结构的摩天大楼发展史上的集体成就”，“瑞莱斯大厦设计的方方面面”均反映了“作为一座金属框架结构建筑的身份，丝毫没有之前以传统砖石结构构筑坚固墙壁的痕迹”。由此，就确立了瑞莱斯大厦作为“现代建筑发展史上的一座关键性建筑”的地位。[2]简而言之，凭借对极简主义的修长钢铁框架结构的完全呈现、最低限度的装饰物的应用，以及外部建材中玻璃的大量使用，瑞莱斯大厦堪称现代第一座完全意义上的摩天大楼。

关于瑞莱斯大厦的起源与原创作者的线索可见于当时的文件与评论之中，而且关于大楼自身的“考古”分析也提供了蛛丝马迹。例如，这座建筑早期的许多设计图纸都被保留了下来，其中也包括一些关于地下室与地面层初期工程的。然而，路特生前并没有留下大楼的全局设计图，也许这个系列的画稿遗失了，也许它们根本就不存在，路特可能在死前根本就没有绘制出大楼的整体设计图来。

另一方面，路特在地面层与地下室的设计中所包含或暗示的一些细节与结构体系，确实在大厦上层的建设中被继续加以运用，也因此使大厦整体更加新颖别致、独具特色。例如，大楼较上层使用了简洁的哥特式，而非古典主义装饰图案，让人印象十分深刻。这种手法同样见于一楼：由路特设计的青铜装饰物与用于装饰店面的花岗岩外壁相融合，并以与大厦上层相呼应的哥特式细节纹理为点缀。

路特也在其他后期作品中使用了哥特式风格。例如，在1892年为基督教妇女禁酒联合会设计的芝加哥妇女会堂中就有所体现。这座砖石结构的建筑，寓文艺复兴形式于晚期哥特式风格之中，还具备角楼与高高的坡形屋顶。此外，同样落成于1892年的21层高的共济会大楼也反映出路特对法式哥特风格的浓厚兴趣。

选用哥特式而非古典主义的历史风格作为摩天大楼的装饰风格并不让人感到意外，因为哥特式建筑风格强调直升线条，比倾向于平面设计的古典主义建筑风格更适用于摩天大楼的设计。瑞莱斯大厦的极简主义风格具有开创性，覆在钢铁框架外层的陶板被设计

位于国家大道与华盛顿街交会处的瑞莱斯大厦，由路特、伯纳姆与阿特伍德设计而成。这张大约拍摄于1905年的照片确认了这座开创性的大楼在当时场景下展现出的惊人高度。

得极可能地窄，以使大厦窗户尽可能地大，而为确保这一切设计能获得其应有的可行性，根本条件就是对大厦地面层采取正确的处理方式。

然而，为了避免人们因为瑞莱斯大厦可以预见的新颖独特，而忘乎所以地将其称为路特原创天分的最后涌现，在这里极有必要指出瑞莱斯大厦与路特差不多于同一时期设计的其他摩天大楼之间存在的巨大差异。被拆除于1926年的芝加哥妇女会堂有13层楼高，它有厚重的砖石墙壁以及大量历史主义细节设计；毁于1939年的共济会大楼的显著特征是奇特的坡形屋顶、屋顶采光窗和外围巨大的三角形山墙，它另类的历史主义风格与瑞莱斯大厦大相径庭。按照当时的惯例，这两座大楼的设计不仅刻意隐藏了修长的结构框架、掩盖了根本的结构特性，还通过使用诸如檐口与层层叠叠的天窗这些直升线条设计，降低了建筑的视觉高度。

从整体上来看，结论就是：极有可能，阿特伍德才是瑞莱斯大厦上部楼层的实际设计者。当然，阿特伍德在“白城”中取得的成就众所周知，足以证明他在设计、建造规模与比例多少有些传统的古典主义建筑方面是一位真正的大师。这一点也在1892年阿特伍德设计出坐落于国家大道上的马歇尔·菲尔德百货公司大楼时得到了极具说服力的证明。况且，这座大楼就位于瑞莱斯大厦的正对面。

因此，对阿特伍德而言，正如在路特身上所发生的一样，瑞莱斯大厦所彰显出的大胆新奇的极简主义与早期现代主义的风格鲜见于其早期作品之中。

在瑞莱斯大厦的设计过程中，围绕在路特与阿特伍德之间的关

由伯纳姆-路特建筑设计事务所设计，于1892年竣工的芝加哥妇女会堂。历史主义的哥特式与文艺复兴式细节装饰的融合，使它与崇尚极简主义与功能主义、几近现代风格的时髦的瑞莱斯大厦迥然不同。

系上的谜团和大厦本身一样历史久远。1895年1月，正值大厦完工之际，《美国建筑师与建筑新闻》（*American Architect and Building News*）提到，它是“已故的约翰·W. 路特个人印记的最后体现”。文章赞美了大厦依然采用大理石覆盖、大量玻璃装饰的底层立面设计，并总结说：“看起来，大厦上层部分的建设与路特先生最初的设计方案相比，是经过了极大改动的。”[4]对于路特在偏上层楼层的设计中起到的作用，哈尔伯同样持怀疑态度。在经过大量研究并对这座建筑进行相当细致的审视之后，哈尔伯“猜想”，即使路特计划将瑞莱斯大厦建成一座摩天大楼，“阿特伍德也重新设计了外部包层，确定了建材、颜色与细节设计”。正如哈尔伯所解释的那样，“结合这一时期阿特伍德的其他建筑来看，难以想象他居然放弃使用坚实的砖石墙体这种更加厚重的外观，转而使用极简主义的拱肩与陶板覆面的竖框”，而正是这些改变成为瑞莱斯大厦的显著特征，让它显得与众不同。然而，这种以修长的竖框与大量运用的玻璃，即如今幕墙的早期形式为特征的极简主义风格，也许同样可见于利物浦的凸窗大楼背面与库克街的楼梯之中。这两座位于利物浦的建筑物是路特在19世纪60年代中期亲眼见过并由衷欣赏的。因此，瑞莱斯大厦上层部分标志性的极简主义风格与所采用的建筑材料无疑是路特所熟悉的。所以，虽然路特身为瑞莱斯大厦整体设计者的可能性不大，但也不能被完全排除。

哥特式细节设计的位置也是相似的。哈尔伯指出，“（阿特伍德）哥特式风格的具体灵感来源不得而知”[5]，如此一来，有一种情况极有可能：阿特伍德采用哥特式风格只是继承并发展了路特在一楼确

瑞莱斯大厦一楼，在苏格兰花岗岩衬托下的金属哥特式装饰物，于20世纪90年代经历修复与维护。

立起来的哥特式主题。为何路特采用了哥特风格的细节，而阿特伍德也保留并发展了这种特色？这是另一个谜。也许这是为了赋予瑞莱斯大厦一种历史感。它的设计如此激进，两位建筑师无疑都认为需要将其诉诸历史谱系，以让大众在文化上与之产生共鸣。这也许与约翰·拉斯金的思想一脉相承，他对路特的影响实在深远。拉斯金在1849年曾说，正是添加在基本建筑之上的、虽不“必要”但富有文化内涵的“特征”，使一座原本仅仅具有实用功能的建筑物上升到了富有诗意的高度。拉斯金相信，要想达到这种效果，只运用最少量，但具有历史意义的装饰即可成功——在瑞莱斯大厦的四面陶板覆面上铸造的哥特式四叶形图案就是个很好的实例。[6]

瑞莱斯大厦开发商的性格也为我们了解这座建筑的起源与发展提供了一条重要线索。威廉·埃勒里·黑尔是在1871年大火后参与芝加哥重建的全能型实业家的典型代表。通过这些人的努力，仅用了短短几年的时间，芝加哥就复苏为世界范围内经济发展最繁荣、建筑设计最创新的城市之一。[7]

1836年，黑尔出生于马萨诸塞州布拉德福德市。他事业的开端是在哈特福德市的一家纺织品商店做小店员，21岁那年，他加入了总部设在威斯康星州的罗克河纸业公司，得到这份工作意味着他事业上的腾飞即将开始。1862年，为经营公司在芝加哥发展的新兴业务，黑尔搬到了这里。到19世纪60年代末，他已经当上了公司的合伙人。如今，通过邀请他的兄弟乔治·W. 黑尔加盟，他似乎已经把公司变成了家族企业。与此同时，黑尔开始以投资人与开发商的身份进军芝加哥建筑业，将自己的商业利益多样化。他在建筑方面的首次尝试是与卢修斯·G. 费希尔搭档的。这座被命名为黑尔大厦的大楼竣工于1867年，坐落在国家大道与华盛顿街交会处的东南方向。巧合的是，它正对着将来属于瑞莱斯大厦的那块位置。这幢5层楼高的传统砖石结构的商业大楼，最终也毁于1871年的大火之中。

和与他同时代的许多人一样，芝加哥大火也成就了黑尔，因为大火创造了许多建筑方面的商业机遇。起初，黑尔并不是以建筑者或开发商的身份赚钱，而是通过向新一代芝加哥高层商业建筑提供新技术来谋利。也许，这是因为他注意到了奥的斯电梯公司获得的成功。为使芝加哥的高楼更适于居住，电梯一定供不应求。于是在1872年，威廉与乔治两兄弟成立了W. E. 黑尔公司（后来成为黑尔电梯公司）。他们的目标不仅是在设计与建造蒸气动力液压安全电梯方面赶上奥的斯公司的成就，而且还要远远超越它。在这方面，黑尔最终取得了成功。根据《芝加哥论坛报》的说法，正是由于电梯事业，黑尔“创造了大量个人财富”[8]。

黑尔在电梯行业的成功为探讨瑞莱斯大厦的进步本质提供了一条线索。它的开发商不仅接受了现代技术的潜力（这无疑也是他在造纸业中取得成功的一大基础），而且对高层建筑方面的技术青眼有加。如果你是一个做电梯生意的开发商，那么自然而然地，你也会把楼建得越来越高。

黑尔一面稳固着他在电梯行业打下的江山，一面转而发展房地产投机生意。他常与欧文·奥尔迪斯与亚瑟·奥尔迪斯合作。1882年12月，黑尔从之前的商业伙伴卢修斯·G. 费希尔那里买下了一幢已建成的5层楼高的银行大楼。这座砖石结构的建筑位于国家大道与华盛顿街交会处的西南角，正是之后瑞莱斯大厦落成的位置。

当时正值19世纪80年代初，也许在欧文·奥尔迪斯的推荐下，黑尔与伯纳姆－路特建筑设计事务所缔结了业务关系。早期他们合作的项目包括1886年落成、1940年拆毁，位于拉萨尔大街的9层楼高、钢铁框架的里亚尔托大厦，以及坐落于堪萨斯城的米德兰酒店。此外，路特似乎保持了他一贯的工作作风，将黑尔发展成了他的私人客户。在德雷克塞尔大道4545号，路特为黑尔设计了一幢住宅。这么做当然是冒险的，因为如果家宅设计失败的话，建筑师与顾客之间的关系就很难处理了，但正如路特通常遇到的情况那般，冒险最终取得了成功。这座住宅成了黑尔温馨的家，此后他一直住在那里，直到1898年11月离世。

《芝加哥论坛报》刊登的一篇讣文写道，继成功创办电梯公司之后，黑尔主要开始"从事建筑与推广芝加哥'摩天大楼'的事业"[9]。在黑尔离世之际，他最为人所知的成就（至少在建筑界如此），就是瑞莱斯大厦。这座大楼被看作黑尔本人的写照，因为它的规模彰显出建造者的雄心壮志。大楼还大胆使用了当下的新技术，外观时尚前卫。显然，黑尔在瑞莱斯大厦的建造过程中并不仅仅扮演了一个金主的角色。事实上，黑尔负责了大厦中最非同寻常、最基于技术的部分。在获得了即将兴建瑞莱斯大厦的地皮之后，黑尔面临着几个有趣的挑战。街角处现存的砖石结构银行大楼在面向华盛顿街的一侧有着长达25.6米的临街面。虽然足够大，但是大楼被一栋"L"形建筑物围住了。这意味着，黑尔这座大楼的后方与侧面无法连通小巷或通道。显然在这种情况下，为场地上任何建筑提供劳务工作都是非常困难的。而且更显而易见的是，如果要在这儿建造摩天大楼的话，所有的问题都将被放大，因为楼越高，劳务需求就越大。

为了让这块空间局促的街角地皮变得适合兴建高楼，对黑尔来说，摆在眼前的一条出路就是获得毗邻的土地，但这不是那么容易就能做到的。根据《芝加哥越洋报》刊登于1889年7月7日的报道，包围了黑尔场地的"L"形房产被"紧紧地攥在……李维·Z. 莱特的手中……使两地的合并绝无可能”[10]。相邻的土地与建筑物都是买不来的，而这意味着如果黑尔想要开发他那块被困入绝境的街角场地的话，就不得不在种种束缚之中开拓出一片天地来。然而在19世纪80年代初，最限制大楼开发的条件不是糟糕的地理位置，而是在现存的5层楼中仍有未搬离的租户，他们持有直到1894年5月才到期的租约。毫无疑问，在咨询了伯纳姆－路特建筑设计事务所之后，黑尔反复思考了这个问题，终于在1889年，他下定决心开始行动。正如前文所概述的那样，这个决定非同凡响。此时，他已经腾空了大楼的一楼与地下室，而且认为这样一来就有足够的空间以供当时楼上的租户使用了。这些租户有地方用，还可以照常营业。建筑的上层被螺旋千斤顶撑起。一楼、地下室与地基拆除后重建，使它们在外形与技术上都能适配于即将建起的摩天大楼。

建于1890年的大楼底部毫无疑问出自路特之手，并且建于他生命的最后一年。这部分值得仔细研究，因为它可以证明使瑞莱斯大厦较高楼层与众不同的一些关键元素实际上来源于路特设计的一楼。大厦较高楼层是在租户都离开后，建筑剩余部分可被摧毁时才开始建造的，彼时已是1894年5月。

研究过当时的地面层与地下室，再对1890年的建筑设计图进行审视之后，我们就能清楚地理解路特的用意了。诚然，青铜窗周围的哥特式细节设计看似是在说明上部楼层采取的相同表现手法是阿特伍德从路特那里继承下来的，但更重要的是一楼整体的审美格调与美学处理。建筑表面采用的主要材料是玻璃，大厦的钢铁结构框架外包覆着长条状光滑的苏格兰花岗岩与哥特式青铜饰物。大窗户在19世纪90年代的芝加哥已经不是什么新鲜事物了，芝加哥建筑学派的一个重要特征正是又宽又大的三合一式玻璃窗，而且经常被设计得稍稍外倾，或干脆弄成凸形。但在瑞莱斯大厦的一楼，对宽窗与结构框架外的类长条状包层的处理手法十分新颖，让人感觉与路特于差不多同时期设计的其他摩天大楼不太一样。另外那些大楼具有那个时代的典型特征，钢铁框架结构被笨重、装饰繁复的砖石或陶板外墙隐藏起来。与蒙托克大楼、共济会大楼截然不同，在瑞莱斯大厦，6.6米高、2.9米宽的巨大窗玻璃只是被纤细的青铜竖框隔开。这样的设计产生了一种更强烈的透明感，也使墙面更显光滑。大厦一楼，就像在之后建造起来的上部楼层一样，简洁的钢铁框架与大片剔透的玻璃带来的视觉效果也得到了极佳的体现，决定了这座建筑的美学品位。虽然现在很难确定，但有可能是路特定下了最大化利用玻璃装配并相应减少使用建筑外墙的设计基调，而阿特伍德则巧妙地对此进行了开发利用。

在瑞莱斯大厦的立面上大量使用玻璃的设计手法只是使建筑内部获得更好的采光与通风条件的常用策略之一，这种策略在建筑的结构体系、设计图以及许多路特提出的设计细节中都有体现，最初也是由他决定的。这种由路特在瑞莱斯大厦底部确立、阿特伍德在上层继续延用并加以改进的建筑结构体系，早在19世纪90年代的芝加哥就已发展成熟。这种结构由防风支撑加固的铆接钢构件组成，通过在钢铁框架结构外覆不可燃材料达到防火目的。由此，这种钢铁框架结构不仅结实耐用、相对防火，还因为将承重功能由墙体转向了柱身，建筑立面可在钢铁框架之间安装大面积的玻璃，从而使日光大量涌入室内。此外，由于内部空间要么将隔断设计为非结构性以便移除，要么根本不设置隔断，建筑内部大多可采用开放式结构，便于调整室内布局。

在瑞莱斯大厦一楼的设计中，还包括位于华盛顿街的狭窄天井，也可以叫它“露天场地”；安置在建筑周围人行道上的“棱镜灯”或玻璃嵌板，以及商店橱窗下方的灯箱。这三处设计均旨在将自然光引入地下室。此外，地下室天井都被白釉瓷砖覆盖，以充分利用进入地下室的日光。在建筑物的西南角，还有另外一处“庭院”，或者说是天井。这也许是路特的想法，因为直至1901年，这部分都一直延伸到一楼，当时大厦底部变成了一层图书馆。这个天井很有必要，这是由大厦所处位置的特殊性决定的，因为比邻大楼南侧与西侧的两处建筑的业主不同，所以即使之后在这两块相邻的地区也盖起了高楼，天井依然可以保证瑞莱斯大厦的采光与通风。

在瑞莱斯大厦外部的建筑设计中，在对光的追求上最引人注目的表现就是外倾的玻璃凸窗。如果从外形而非细节上看，这些玻璃凸窗也许同样是路特的想法。显然，它们与路特早期的建筑设计有着相似之处，而且也显示出利物浦凸窗大楼对设计者的影响。这些玻璃凸窗因尺寸巨大而成为瑞莱斯大厦上部的显著特征，它们既拓宽了平面图上的建筑面积，又增加了阳光射入大楼内部的流量。哈尔伯暗示道，凸窗“被当作建筑主立面不可分割的一部分，这种处理方法……不免引人发问，思考路特在其中起到的作用”，接着哈尔伯下结论说，这些凸窗起先一定是路特的主意。为了支撑他的这一论断，哈尔伯引用了杰出的建筑历史学家威廉·H. 乔迪的观点。乔

瑞莱斯大厦上的凸窗“芝加哥窗”，主体是嵌在窄窗框中的一大块固定的平板玻璃。浅色陶板外墙上的哥特风格装饰物也是值得为之瞩目的一大亮点。

迪注意到，瑞莱斯大厦的凸窗“就像（路特）设计的蒙多克大楼的凸窗一样”，并不是“墙面的附属”而是“紧贴大楼主体部分，构成了波状边缘”，他暗示说：“一定是路特设计了这个部分。”[11]

让瑞莱斯大厦内部采光良好、空气流通顺畅的决定可能并不是路特一人做出的。这不仅是因为自然采光与通风效果是崇尚功能主义的芝加哥建筑学派的关键考量，而且更确切地说，室内光线良好似乎是黑尔提出的要求之一。值得注意的是，1895年3月15日，在瑞莱斯大厦最终完工、正式开放之际，《芝加哥论坛报》对建筑内部

大约在1895年，瑞莱斯大厦一楼被用作卡森–皮里–斯科特百货公司丝织品专柜。

瑞莱斯大厦的一楼如今是一家餐厅。请注意，钢芯立柱上已失去了装饰用的包层以及繁复典雅的柱头。

的光照效果与空气流通程度均表达了特别的赞美。报道说："黑尔先生向建筑师指出了为每间办公室提供充足采光的必要性，而建筑师也通过构思设计，完全满足了这一要求。"[12]因此，黑尔应该比其他任何人都更有资格宣称，是自己促成了瑞莱斯大厦得到其最为人称道的设计亮点——大厦立面大量使用玻璃，墙体的面积少之又少。

解构瑞莱斯大厦一楼的建筑史绝非易事。如果人们想要证明阿特伍德后来在设计上的许多思想萌芽是扎根于路特早期作品之中的话，就更需小心谨慎。例如，一楼正门直至1895年才正式开始修建。如果有人认为一楼及地下室为路特一人所建的话，上述事实就会让他心生不安。跌宕起伏的情节还不止这一处，哈尔伯发现，现存的草图表明虽然建筑物正门是在阿特伍德的指挥下兴建的，但实际上他仍遵循了路特的设计。所以很明显，当阿特伍德作为瑞莱斯大厦的建筑师时，他至少执行实施了路特对于大楼一层设计中的一个关键要素。还有其他的吗？引人注目的夹层是另一个有争议的地方。夹层确实在早期草图中出现过，当时被称作夹层楼面。但据哈尔伯分析，当时并未建造夹层，现存的夹层最早只能追溯到20世纪20年代。此外，瑞莱斯大厦一楼在建成后的第一个百年间变化实属不小。早期照片显示，大厦内部钢铁内核的大厅立柱外包八角形柱身，雕以古典优雅的罗马式或科林斯式柱头。如今，这些柱子朴实无华，几乎到了唐突的地步。瑞莱斯大厦如此复杂，的确深不可测。重建后的一楼与地下室的第一位租户提出了许多关于大厦硬件方面的要求，为满足这些要求所做出的妥协使大厦底部的两层变得让人难以理解，甚至还有些误导性。

租户起先想将瑞莱斯大厦用作零售场地。1890年，当地下室与一楼尚未建成时，大厦的租户是纺织品行业零售商查斯·戈西奇公司。它已占据了瑞莱斯大厦隔壁莱特名下的“L”形大楼，但戈西奇公司显然认为，如果能同时拥有此处室内光线良好、优美迷人的新建街角大楼作为销售商店的话，更能促进自家零售产业的繁荣发展。由此或许可以解释在旁人看来可能会有些迷惑不解的问题，即瑞莱斯大厦为何在地下室与一楼处设计了巨大的开口，与旁边为莱特所有的“L”形大楼相连通。

戈西奇公司与黑尔签下租约后不久，就被引领时尚潮流的卡森－皮里－斯科特百货公司收购了。相应地，卡森－皮里－斯科特百货公司变成了租户，并于1891年入驻瑞莱斯大厦。到1990年，这家百货公司已经在这座位于国家大道与华盛顿街交会处的大楼中拥有将近1000名员工。1904年，百货公司从这里撤出，搬到了位于国家大道与麦迪逊街交会处的店面。那里本是路易斯·沙利文在1899年为另一家商店设计的，是沙利文晚期的重要作品之一。

正如哈尔伯所指出的那样，瑞莱斯大厦背后真正的设计力量不管是路特也好，是阿特伍德也罢，“大厦结构严谨的平板玻璃窗与轻薄的白釉陶板三角拱肩……与之前的建筑截然不同”，因为“在之前的大楼中，没有谁将外墙装饰物的比重削减到如此之小”。[13]瑞莱斯大厦在1895年3月15日正式开放，早在那时它已取得了令人叹为观止的成就，比那些有着玻璃“幕墙”的现代主义大楼早了50年。后者包括来自SOM建筑设计事务所的戈登·邦沙夫特设计建造于1950—1952年间的94米高的利华大厦，还有密斯·凡·德·罗在1955—1958年间设计建造的高达157米的西格莱姆大厦，这两座建筑均坐落于纽约市公园大道。瑞莱斯大厦取得的成就，在当时得到了人们的一致认可。1895年3月15日，《芝加哥晚报》（*Chicago Evening Journal*）宣称，瑞莱斯大厦“几乎达到了现代科学与技术工艺能做到的最完美的程度”[14]，而发行于1895年3月16日的《经济学人》（*The Economist*）杂志则称之为“迄今为止，芝加哥已建成的最优雅的商用大楼”[15]。

考虑到瑞莱斯大厦的先驱地位，还有它被赋予的“现代主义商业摩天大楼鼻祖”这一当之无愧的称号，仔细审视大楼上部，研究它的建筑设计、防火结构、劳务提供以及为达到适合居住等特定目的而采取的措施，将会是十分有趣的体验。

结构

瑞莱斯大厦的建造正值技术日新月异的时期。当时，钢铁框架高层建筑的施工工期日益缩短、工程难度逐渐减小、所需建筑材料更见节省，而建筑的坚固性却能得到增强。确保这一点得以实现的一个关键要素就是用铆钉取代了螺栓来组装钢制构件。铆钉是需要趁热安装的，因为它们遇冷就会收缩。用铆钉将构件固定在一起，框架结构会更加坚固，荷载压力能够更加高效地向其他部分转移，使整座建筑的骨干结构更坚实稳固。

为在建的瑞莱斯大厦拍摄的照片显示，大厦的钢铁框架周围搭建了一组脚手架网。然而，即便如此，新颖的高层钢材框架与应用热铆钉的施工过程在当时也一定令人望而生畏。毫无疑问，黑尔是在伯纳姆的建议下聘请了乔治·A. 富勒公司建造瑞莱斯大厦。[16]

这一点至关重要。来自美国东海岸的建筑师乔治·富勒曾受训于麻省理工学院，效力于纽约的皮博迪－斯特恩斯建筑设计事务所，1876年，他被提拔为纽约事务所的负责人。差不多是在1881年，富勒移居芝加哥。1882年，他开始作为总承包人负责除设计外的所有建筑施工内容。19世纪80年代，富勒的事业发展得红红火火，开始专攻钢铁框架高层建筑领域。在他的作品中，为霍拉伯特–罗奇建筑设计事务所建造的高达13层的塔科马大厦尤为突出。这座大厦竣工于1889年，拆毁于1929年，是首座在施工过程中大规模应用了铆钉的建筑物。因此到了1890年，富勒的公司已经成了芝加哥，实际上是全世界的高层钢铁框架建筑领域的专家。黑尔与伯纳姆不可能找到比他更好的承包人了。

19世纪90年代初，芝加哥建筑技术不断革新，通过瑞莱斯大厦就可见一斑。大厦地下室与一楼没有比上部楼层早盖起来多久，但这两部分使用的结构体系却已大相径庭。如前所述，路特拥有丰富的工程学知识，同时又偏好大胆创新的试验，尤其是在改进芝加哥第一代摩天大楼的地基之时。然而对瑞莱斯大厦的建筑结构进行的创新，至少在部分程度上，应该归功于爱德华·C. 尚克兰。这位伯纳姆–路特建筑设计事务所旗下的工程师负责了瑞莱斯大厦的前后两期工程，也是在他的主导下，大楼使用了相对轻便却坚固的格子形钢梁，其工作原理是“若干小型刚性元件组合后，可以提供与大型桁架平面相同的坚固程度”。据托马斯·莱斯利所言，这种对建筑结构的新认识，以及随后采用的格形结构钢梁是“19世纪90年代从芝加哥诞生的一项应用于高楼施工的关键性创新技术”。[17]

瑞莱斯大厦的地基按照路特确立的“格排基础”建造，钢轨垂直相交，层层叠摞，再以混凝土浇筑。然而，很可能是尚克兰选择将钢柱，即设计图中的“H”形用于瑞莱斯大厦的一期工程。这些柱子由一段剖面为“Z”形轮廓线的钢板与一段平面钢板铆合，形成“H”形钢柱。让人感到些许困惑的是，这种柱子通常被称为“Z”形柱。[18]

但在1894年，当大厦再度开工时，尚克兰转而选用了另一种截然不同的柱子。当时，这种被称为“灰柱”的柱子刚面世不久。它也由钢材制成，铆合后形成一个菱形图案。中空的灰柱坚固无比，这种牢固源于它的设计：为使结构更加“坚固”，灰柱竖立在双层截面之中，交替的立柱每隔一层相互连接，如此更能加固整体结构。除坚固外，灰柱的中空特性还使它保有另一个巨大优势，即可在其内部安装水管与煤气管，如此一来，这些管道就可以与大厦结构完全融为一体。我们几乎可以确定这就是立柱系统改造的原因，因为在瑞莱斯大厦的功能设计中，公共设计与管道铺设本就是一项重要议题。大厦租户众多，充足的自来水供应与合理的污水处理方案是必不可少的。然而，尽管灰柱系统看似是个完美的解决方案，但它对公共设计与施工技术方面的规划水平与协调能力有着极高的要求。显然，立柱系统一旦建立，再想改动或添加管道就十分不便了。

瑞莱斯大厦上部所使用的抗风支撑系统也被有效地整合进了复杂的大楼设计之中，并将协助大楼实现透明度的最大化。抗风支撑增强了建筑物的防侧移能力，而大厦地板与立柱系统则承担了垂直方向的荷重。查尔斯·詹金斯曾为瑞莱斯大厦单独著有一篇题为《白釉大厦》（*The White Enameled Building*）的文章，发表于1895年3月的《建筑实录》（*Architectural Record*）杂志上。在这篇文章中，詹金斯单独就大厦的抗风支撑予以详述：“……在这之前被广泛使用（于抗风支撑）的拉杆被弃置一旁，瑞莱斯大厦决定将每层楼的板梁插在外部立柱之间，深度达到61厘米，以此将立柱连接在一起。同时，这些‘桌腿’也可以引导风力在各楼层间转移。”[19]这意味着，抗风支撑位于楼层结构之中，从而避免了减少或中断大厦外部大面积玻璃的装嵌。

值得注意的是，尽管瑞莱斯大厦加固的钢铁框架对建筑“表皮”能起到“解放”的效果，消解了它的承重需求，从而允许大楼表面装嵌玻璃的面积高达墙体总面积的90%[20]，但大厦处于街角这块地理位置就意味着，在环绕瑞莱斯大厦的四面围墙中，有两面其实是厚重的砖石结构界墙。

防火与陶板

20世纪90年代，在瑞莱斯大厦的修缮工程中发现了由铆合的钢板构成的“Z”形柱。

消防是建筑要务，主要策略是使建筑主结构尽可能地防火。陶土瓦地板下是高约30.5厘米的钢梁；钢梁上覆盖着起保护作用的、深约8.1厘米的煤渣填土；填土中放置着枕木；枕木上固定着木地板条。在走廊里，煤渣填土之上铺置着灰泥与大理石碎片制成的水磨石和（或）马赛克地板。一楼则是这种材质应用面积最广的地方，因为那里有更结实的拱形砖石结构，可以承载更重的负荷。未受煤渣填土保护的部分钢梁，尤其是立柱，则外包多孔的陶土瓦或陶板防火层，这在当时是惯常的做法。大厦的西南两端建有巨大的砖石墙壁，起到与隔壁建筑物之间的防火隔离作用。

出于防火目的所做的决定，还包括在大厦表面覆盖非可燃性的陶板。当然，陶板外墙之前就用过，但这是第一次在摩天大楼上使用纯陶材质，而非陶土与砖石的混合物。查尔斯·詹金斯早在1895年就不无洞见地预测道，大厦立面主体部分使用“上釉”陶板将“使这座建筑在美国建筑史上遗世独立”。[21]陶板被上了釉（或者把这种材质称为“搪瓷”），主要目的是使大厦能够自我清洁。正如《经济学人》杂志在1894年观察到的那样，立面将“被每一场暴雨冲刷，而且如果可能的话，它们能像餐盘一样被擦洗得干干净净”[22]。然而，这个简单的想法在实践中并不完全如预期般有效，因为油质煤烟不受雨水的影响。此外，不知是路特、伯纳姆、阿特伍德还是黑尔，总之有人决定将陶板涂成白色。如此一来，上了白釉、干干净净的陶板在阳光下就闪闪发光，以至于人们普遍认为这个决定是受到1893年大获成功的“白城”的启发[23]，虽然这在当时的芝加哥是不同寻常的：当时，大楼外部装饰普遍采用较深的石质颜色。原始的白色立面如此简洁，几乎有些中性，如今看来似乎有些令人惊诧。19世纪90年代的芝加哥是个色彩斑斓的世界，而瑞莱斯大厦在着色上这般克制，在当时，即使是在“白城”惊艳于世之后，想必也震惊了世人。詹金斯的观点很有意思，也许那就是在学识与见解方面胜人一筹的评论家的一贯风格。他祝贺“建筑师”取得了“大胆的”突破，偏离了迎合大众喜好的“无趣的灰、棕、红”色调。但他也希望“下一栋上釉的大厦能大面积地使用彩色”。[24]瑞莱斯大厦所需的陶板在数量与质量上都是一个挑战，但由西北陶板公司提供的建材还是合乎心意的。幸运的是，这种建材被历史证明是持久耐用的。参与20世纪90年代瑞莱斯大厦修缮工程的甘尼·哈尔伯证实道，原始的陶板可以恢复到具有它“最初的耀眼美感”的状态。[25]

玻璃与“芝加哥窗”

如我们所见，在给大厦的外观赋予极具冲击力的视觉效果、为观赏者带来新颖独特的美感体验这两方面，玻璃与白釉陶板一同扮演着关键角色。从总体上看，在具有双倍层高的一楼之上是连续13层排列成行的窗户。它们包裹着大厦，用大块的玻璃占据了外立面90%的墙体面积。玻璃被极窄的白釉陶板隔开，窗边有简单生动的哥特式装饰，细节设计灵动不死板，使得窗户更具艺术性。每排窗户中均有三扇凸窗，一扇在大厦稍短立面的正中央，另两扇在稍长的立面上。这些凸窗是典型的“芝加哥窗”，由固定在铸铁框架内、经过抛光的大块平板玻璃（有些窗玻璃面积达到3.3米 × 2.3米）构成。玻璃的上下两侧是同样狭窄的、带有倾斜角度的木制窗框，其上的细节设计也尽可能地少，目的是使大楼获得最大的采光量。木制与铁制窗户的装饰细部最初都被漆成黑色，与覆盖大厦的白釉陶板形成鲜明对照。

用于固定玻璃的铸铁框架也具有部分支撑用以分割成块玻璃的窄条形陶板竖框的作用。竖框的设计是经过深思熟虑的，它们都不宽，而当建筑结构需要更多支撑力时，设计师就把窄条形竖框数量加倍，而非横向加宽。结果就是，大厦那让人仰望的高度得到了凸显。这种做法本身就与当时在视觉上降低傲然耸立的大楼高度的惯

瑞莱斯大厦一角的细节，展现出用作外墙的浅色釉质陶板在阳光反射下闪闪发光的样子。

例背道而驰。

楼梯

金属，尤其是铸铁与铜，在瑞莱斯大厦内部的细节设计中也起到了关键作用。其中最引人注目的就是位于大厦一楼入口大厅处的装饰性铸铁楼梯，那引人注目的外形使它当之无愧成为全场的焦点。虽然这无疑是路特的想法，但可能在阿特伍德的影响下，楼梯的设计，甚至是具体位置都发生了变化。早期的平面设计图中显示楼梯处标记着“1894年4月7日，通过”的字样，即便如此，也不代表这就是最终设计，只能表明设计图上的这座楼梯上的某些踏板原本被设计成半圆形，可最终成品却是方形的。[26]正如甘尼·哈尔伯指出的那样，除楼梯栏杆上的四叶形设计图案外，所有铸铁组件均为温斯洛兄弟公司出品的标准部件。楼梯上使用的栏杆支柱与楼梯立板，同样可见于由路特设计的妇女会堂之中，而这证实了楼梯的最初设计确实出自路特之手。

楼梯的铸铁被赋予了独特而迷人的蓝黑色光泽，表面也坚硬耐久，这都要感谢“鲍威－巴尔伏法”—— 一种流行于19世纪最后几十年的工艺。19世纪70年代末，弗雷德里克·C. 巴尔伏与乔治·鲍威在英国发明并完善了这一流程，具体做法是，将铁或铜加热至1000摄氏度左右，然后浸于过热的蒸汽之中，生成一层氧化铁，防止金属生锈。重复这个过程可以加厚氧化铁层，使其更加耐久。通

瑞莱斯大厦一楼入口走廊上装饰细节繁复、优雅古典的电梯栅门。楼梯因使用了将“鲍威－巴尔伏法”作为末道工序加工过的金属而显得色彩柔和，带有些许哥特式风格。20世纪90年代，大厦内部装饰的不少部分都得到了修复。

过这道工艺产出的成品既富有美感又具有实用价值，所以非常流行。以“鲍威－巴尔伏法”加工而成的铁时常与青铜或红铜搭配使用，而在瑞莱斯大厦的装饰中所使用的“鲍威－巴尔伏铁”是由奥尔－洛基特五金公司提供的。

但很快人们就发现，“鲍威－巴尔伏法”对大多数用于室外的铁制品都没有效果，因此瑞莱斯大厦仅将这种工艺用于内部装饰。哈尔伯的分析暗示道，很有可能“瑞莱斯大厦内部所有金属制品均使用了‘鲍威－巴尔伏法’”。因此，建材的使用法则是相当直截了当的。青铜用作诸如店面之类的外部细节装饰，涂漆铸铁用作窗框，而以“鲍威－巴尔伏法”作为末道加工工序的铸铁则用于室内装饰细部。哈尔伯还指出，在卢克里大厦与堪萨斯城的米德兰酒店的设计中也使用了“鲍威－巴尔伏金属”，这意味着路特也参与了将这种金属应用于瑞莱斯大厦内部楼梯与室内装饰设计的决定。[27]入口大厅内，采用了“鲍威－巴尔伏法”工艺的设计细部，还包括一个邮筒以及一些灯饰配件。经“鲍威－巴尔伏法”流程加工过的铁制品能经受住时间的考验，至少用于建筑内部的话确实如此。经证实，瑞莱斯大厦内，在改动极少的上部楼层的门上，许多自大楼建造之初就已存在的铁制品都被以良好的状态保存下来了。

入口门厅与电梯

随着大楼用途的改变，大厦入口门厅在数十年间也发生了变化，尽管20世纪90年代那场大规模的、具有示范性意义的修复让它的大部分原始特征都得以重现。起初，入口门厅很小却设计精妙，地上铺设水磨石与马赛克地板，墙上镶嵌多彩大理石，并挂有枝形吊灯。大多数建材都是由芝加哥爱迪生公司提供的货源，而灯具配件的供货商则是花园城市枝形吊灯公司。[28]在最初的瑞莱斯大厦，入口门厅的关键特征有两点：一处是铸铁楼梯，另一处则是电梯轿厢外的铸铁栅门。这些经过“鲍威－巴尔伏法”加工过的栅门在当时被称作“德国哥特式设计风格”[29]，它们也在大厦的许多较高楼层上被保留了下来。

理所当然地，电梯是一座成功大楼的必备要素之一，因为要想使大厦成为混合型商业建筑，具有多种用途，就要确保不同楼层之间的交流与通信是迅速、舒适、安全的。考虑到黑尔在电梯行业的专长，当时的大厦租户一定期待着能享受到那个时代最好的电梯技术。如果他们真的有此期许的话，也是不会感到失望的。正如《芝加哥论坛报》在大楼对外开放时所观察到的那样：

> 在为自己的大楼置办设备时，黑尔先生充分认识到完美的电梯服务的价值，从而想要获得前所未有的、最好的电梯。这可并非易事，因为黑尔电梯早已在世界范围内享有安全、高效的盛名。

温斯洛兄弟电梯公司的创始人起初从事钢铁行业，之后拓展了业务范围，并于1890年收购了黑尔的电梯公司。他们生产的电梯由液压系统驱动，还加入了多项创新。《芝加哥论坛报》注意到了这些，还有电梯对大厦整体的美观与高效运作起到的重要作用：“只要是看过位于正门附近的四台乘客电梯的人，没有不为之赞叹的。（它们）设计精美……采用铁材质，以独特的方式出色地制成，使用了温斯洛兄弟公司独一无二的技法。”“独一无二的技法”指的就是“鲍威－巴尔伏法”工艺。但是,《芝加哥论坛报》的评论家“尤其被安全装置的结构深深地吸引了”。电梯配备了——

一个安全调节器，通过它，电梯可以在起重索或起重机制的任何一部分断裂时完全停止。电梯还配有一个操作简单、设计精巧的安全摩擦握闸。有了这个，操作员只需用脚施压……就能启动强大的摩擦制动器，升降中的电梯轿厢就能即刻停下来。[30]

瑞莱斯大厦安装的额外机械系统，在许多方面具有革新意义。大厦中有为租户服务的电话交换台，还通了电，并且铺设有煤气管道。被称作“达拉谟系统”的卫生设施也是尽可能地高效、优雅。1895年3月5日,《芝加哥晚报》宣称:“所有垂直立管、废弃物、通风孔与落水管均为熟铁管道，管壁内外均在铁管还未冷却时就被涂上了煤焦油清漆。”而且，“内嵌在大厦下方的所有污水管道均为轻质铸铁制造”，同样涂上了煤焦油清漆。[31]卫生间也以高规格打造，四面墙壁与天花板覆满意大利大理石，地面铺设水磨石地板，与相邻的走廊保持风格一致。在大厦七楼，设有分别供男士与女士使用的两间宽敞卫生间，其他每层楼至少设有一间稍小的卫生间（其中有些仅有便池）。在大厦较低的楼层，卫生间被设计在楼梯平台位置，而大厦上端楼层的卫生间则在紧临主楼梯西侧的小房间内。大厦配备1895年时全世界最先进的供暖系统，热水暖气片分布于建筑四周，通常在每个大窗户下都见得到。大厦西侧地下室里有一座巨大的锅炉，主排气管就在电梯井以西的位置。大厦通风主要依靠废气对流（由屋顶的风扇起到辅助作用）与敞开的窗户进行。因为煤气未被用作照明，所以完全抽出带毒、具有腐蚀性的废气的需求已经不像引入电灯前那般迫切。

瑞莱斯大厦的出租方式

瑞莱斯大厦以高标准装修成不同风格后开始出租给大量租户商用，这在当时的芝加哥并不是史无前例的新鲜事，但是在瑞莱斯大厦，这种情况被发展到了极致，并由此引发了关注。《芝加哥论坛报》在1898年11月17日刊登的威廉·黑尔的讣告中说道，他“最为人所知的身份也许就是瑞莱斯大厦的业主”，还指出他“完善了装修大厦内部办公室的想法……然后以这种方式将办公室租赁出去”。根据报道，这在当时是“新颖的做法”，而且“事实证明，他取得了成功”。[32]

黑尔的构想由阿特伍德予以执行。瑞莱斯大厦上部的13层（如果把紧挨着突出的“檐口”的那层也包括在内的话，就是14层）被分成若干“区域”。各区域的配套服务与设施略有不同，以此吸引不同需求的租户。托马斯·莱斯利暗示说，这种迎合多数而非少数租户偏好的倾向并非黑尔的初衷，而是他基于19世纪90年代中期芝加哥经济低迷的现实所提出的应对之策。[33]

1895年3月16日，《芝加哥论坛报》解释了经黑尔改良后的租赁系统是如何运作的：

瑞莱斯大厦一楼的租户是卡森－皮里－斯科特百货公司。二楼为大型零售公司预留。三楼、四楼、五楼和六楼被划分成不同的门市部，租给男装裁缝、女装裁缝、女帽制造商、珠宝商和其他商人。七楼、八楼、十楼、十一楼、十二楼和十三楼专供内科医生、牙医及其他想租用办公套间的人使用。而九楼和十四楼则特别适合每天只需要工作几小时的内外科医生租用。

这种“分时享用”的办公室租赁方式在当时十分新颖。而且，由于九楼与十四楼的办公空间布置得很好，所以对租户而言更具吸引力。这里不仅配备了水槽，供应冷热水，而且连家具都是红木打造，“昂贵的威尔顿地毯与东方地毯立马使人感到房间格调不凡、舒服宜人”。另外更让人觉得具有吸引力的是灵活的租房条约与实惠的租金：“办公室月租极低，而且每天租用的小时数随医生自己需求而定。租金内包括的收费项目有：房间使用、家具、照明、取暖、供电等。如果按照每天使用一间办公室一小时计算的话，平均月租金仅为10美元。”《芝加哥论坛报》指出，这使城外的医生们可以“享受在市中心拥有一间办公室的便利”。[34]

甘尼·哈尔伯提到，“将大厦划分为不同区域的基本概念一定早在1894年就已落实”，因为“在1894年3月2日获批的大厦构架平面图上，已经存在使用不同的楼梯开口以容纳楼梯转角，从而为较低楼层提供更开放的设计”。[35]

因此，廊道系统及其处理方式对瑞莱斯大厦的建筑设计而言具有一定的重要性。它们既要有格调，又得结实耐用，因为每一个使用大楼的人都会看到并用到走廊。所以，在设计大厦的廊道时就要尽量考虑到它所能提供的视觉体验，在结构允许的条件下让阳光尽可能地透射进大厦中央。每层楼的走廊最显眼的特点就是装饰性的楼梯与电梯井的开放式栅门。白色的卡拉拉大理石覆盖着走廊墙壁的下部、电梯厅，还有楼梯台阶。走廊上部涂刷了石膏，漆上了浅粉色。[36]水磨石地板裹着大理石马赛克镶边。走廊墙壁上的隔板是涂着清漆的红木，上面安装了许多玻璃，这样日光就能透过大厦周围的办公室，照进走廊里。为确保办公室使用者的隐私安全，安装在隔板上的玻璃通常是毛面的，又称"佛罗伦萨玻璃"。从实用的角度看，用于分隔不同区域的隔板需要尽可能地轻便，而且肯定不能作为大厦主结构的一部分。它们需要易于改动，以适应用途的变化或满足租户所反映出的不同需求。

托马斯·莱斯利绘制了一幅瑞莱斯大厦典型的较高楼层的平面图，并发表在他题为《芝加哥摩天大楼：1871—1934年》（*Chicago Skyscrapers 1871-1934*）[37]的著作中。这幅平面图无比复杂，因为彼此独立的不同的小办公室、作坊与诊疗室都有自己的入口，这就导致在主廊道旁要添加至少三个短走廊或入口大厅才行，因此很大一部分建筑面积被入口占据。如果一层楼只有一个租户，那么开放式的设计就能提供更大的可租赁空间，这揭示出黑尔的决定带来的经济影响。基于他对19世纪90年代中期芝加哥中部地区地产商业市场的判断，他决定将大厦改造成适合许多不同小公司，而非只针对一些富有租户的格局。

下页图

这是一条位于大厦较高楼层的走廊。可以看到楼梯、左侧的电梯栅门，还有安装着玻璃的木质隔板。最初，这些隔板将功能不同的办公室与诊疗室分隔开，如今用来分隔旅馆卧房。

EXIT

白色大理石、漆成淡粉色的石膏墙壁、彩色大理石碎片制成的水磨石与马赛克地板、刷清漆的红木、经“鲍威－巴尔伏法”加工后色泽柔和闪亮的铸铁，所有这一切都在天花板上闪闪发光的电灯与枝形吊灯的映照下交相辉映——当时瑞莱斯大厦的内部一定美不胜收。这再次说明，这种富丽堂皇的美感一定是黑尔为瑞莱斯大厦所做的商业计划中的关键要点。

瑞莱斯大厦的外部体现也同样卓尔不群，甚至可以说是前所未见。稍早些时候的芝加哥摩天大楼，在设计中表现出一种从传统设计中继承而来的层次感：在整体设计中突出某些楼层，并将窗户分组置于仅具装饰性，但在功能上毫无关联的拱廊之中，从而在整体布局上营造出视觉上的和谐以及令人熟悉的怀旧感。在这方面，卢克里大厦就是个典型的例子。但是，瑞莱斯大厦极其不同，而这又使它成为即将到来的摩天大楼时代的主要模型之一。在那个即将来临的时代，建筑设计越来越被功能、材料与施工方法所驱动。其结果便是这些被忠实呈现的要素成了大楼首要的装饰，取代了以往那些颇具历史渊源的设计细部。瑞莱斯大厦顶部的檐口就十分具有代表性，早期的摩天大楼一律被冠以巨大的檐口，还或多或少地装饰着具有历史意义的图案，但瑞莱斯大厦的陶板檐口无异于一块水平放置的平板。它之所以被如此设计，是因为它是屋顶结构的一部分。檐口下方的带饰包含在雕有装饰的陶板之中，而陶板又与小窗或通风口融为一体，由此，整个屋顶结构浑然一体。

瑞莱斯大厦对传统的背离意义是如此重大，以至于值得我们在此总结其非凡的外部特征。诚然，玻璃的大量运用使大厦看起来高度透明；白色的陶板、少量的青铜与铸铁材质的设计细部，还有不曾在表面设计上试图以视觉把戏掩饰大厦真正的高度的坦诚表达，这些都是瑞莱斯大厦离经叛道的个性展现。如今受到人们热烈追捧的瑞莱斯大厦所独具的透明度，虽然给了黑尔他所期盼的日光，可也许在当时也给他带去了一个麻烦。当时许多人可能把“透明”，或至少是“环绕式玻璃窗”当作“脆弱”的同义词。果真如此的话，那么当时的黑尔一定深感困扰，担心会因此而不易觅得租户。值得注意的是，在现存于芝加哥艺术学院、绘制于1890年的大厦设计图上，这幢建筑仅被简单地称为“W. E. 黑尔大厦”；而到了1894年，它的名字才变更为瑞莱斯大厦。更名原因虽不得而知，但显然“瑞莱斯”（本义为“信赖”）暗示着令人安心的稳固与团结，这也就说明了黑尔为新建的大楼选用此名的用意了。

同样让人感到震惊的是，在瑞莱斯大厦落成之时，没人试图掩饰设计的重复之处：每层楼的外部立面都是一模一样的（除了二楼的窗户稍高一点），因为通常每层楼的用途与要求都是相似的。正如哈尔伯所言：“网格状、填满玻璃的大楼外观，不仅体现了建筑的结构，还反映了医生、珠宝商与服装商等‘最初的租户’提出的功能上的要求——他们都需要最大限度的光照。”[38]瑞莱斯大厦竣工几年后，芝加哥建筑师路易斯·沙利文在试图定义设计精巧的建筑那永不过时的特质时，提出了“形式永远追随功能”的观点。当他写下这句让人难忘的名言时，也许脑海中闪现的正是瑞莱斯大厦的形象。沙利文后来解释说，这句话是受到了罗马建筑家维特鲁威发表于2000多年前的那句格言的启发。维特鲁威曾宣称，建筑必须兼顾“坚固、实用与愉悦”，这意味着，建筑必须牢固结实，符合需求且诗意美丽。[39]毫无疑问，瑞莱斯大厦在这三方面都取得了非凡的成功。

速度与施工成本

瑞莱斯大厦的施工速度同样堪称楷模，这也展示了其团队对最新施工技术的有效把握。显然，“工厂”生产的配件，尤其是钢铁框架，具有内在的高效性。瑞莱斯大厦的施工充分利用了程序的优越性，即配件按顺序高效生产、运送到施工场地，并在现场有条不紊地进行组装。虽然大厦上部楼层直到1894年5月初才开工，但到1894年6月6日时，施工进程已经取得了不小的进展。在当天的设计图上记录着：“华盛顿街上的所有柱子，以及国家大道上北侧的柱子均已就位。”[40]到1894年7月，基本上所有的钢铁框架都准备完毕了。[41]在1894年8月25日，《经济学人》杂志写道，“在芝加哥没有哪栋大楼能这么快就拔地而起”“14层的钢铁框架在短短4周内就搭建完毕了”。[42]一系列标有日期的施工照片刊登在查尔斯·詹金斯所著的那篇题为《白釉大厦》的文章中。这也就证实了截至1894年11月8日，包括檐口在内的整个陶板外墙、所有的窗户与店面均已建设完成。如此算来，建设整座大厦总共仅用半年时间就完成了。[43]

瑞莱斯大厦的施工方乔治·A. 富勒公司生意兴隆，发展势头强劲，业务后来拓展到包括房地产开发在内的多个领域。1900年11月，在乔治·富勒去世时，他的公司经营情况仍然蒸蒸日上，甚至还委托D. H. 伯纳姆建筑设计事务所在纽约百老汇与第五大道交会处设计了一座高达22层的商业大楼，其中部分留为自用。大楼于1902年完工，起先被命名为富勒大厦，后又更名为熨斗大厦并沿用至今。正如朱迪思·杜普雷指出的那样，熨斗大厦是“曼哈顿现存历史最悠久，而且也最有识别度、最著名的摩天大楼之一”[44]。熨斗大厦是瑞莱斯大厦的直系血亲，但我们不得不承认，它实在是个怪模怪样的孩子。

瑞莱斯大厦的施工造价十分能够说明问题，即使使用了许多省钱的手段来缩短工期，成本还是没能降下来。当时，即使规模化生产、精心策划的货物运输与零部件的组装都得到了完美的运用，施工造价也依然居高不下。显然，黑尔相信，瑞莱斯大厦在商业上的成功在很大程度上仰仗于时尚优雅的内部装潢。他指望以此吸引大批富裕又阔绰的租客，让他们交出数目令人满意的租金，然而，大楼的造价可能有些失控。发表于19世纪90年代初的一些内容涉及大厦施工造价以及拟建规模的文章暗示，建造大厦的预算最初在35万至40万美元之间，[45]但是，《芝加哥每日新闻报1897年年鉴》（*Chicago Daily News Almanac for 1897*）中所列的瑞莱斯大厦造价为50万美元。[46]

我们无从得知黑尔是如何应对成本上涨的，然而他无疑从容渡过了难关。诚然，他建成并经营这幢大厦的决心丝毫没有动摇。想要达成目标，他需要资金，而黑尔采取了相当传统的方式来做到这一点。他开始兴建一幢具有巨大的潜在商业价值的大楼，在尚未完工之时就用这幢资产潜在的价值做抵押，筹集现金，以完成大厦剩余的工程。具体而言，黑尔将瑞莱斯大厦以48万美元的价格卖给了奥托·扬。扬是商店与房地产投资人，在附近的国家大道上就有持股产业。后来，扬又以优惠条件将大厦回租给黑尔，租期为198年。这一交易意味着，黑尔既保住了对大厦的控制权，又获得了完建工程所需要的资金。[47]

正如紧接在瑞莱斯大厦之后出现的摩天大楼所证明的那样，瑞莱斯大厦超前于它所处的时代，它传授的许多经验直到20世纪才广泛地为人接受。在1895年竣工之际，瑞莱斯大厦以一种非同凡响的方式向世人证明，利用合适的技术可以兼顾实用与美观，以及在大楼内办公、生活能得到既令人愉悦又舒适便捷的体验。瑞莱斯大厦具有适应性较强的内部设计，并因此具有里程碑式的意义。大厦内部可以是开放式的，也可改造出密集的分区。这种灵活性，这种适应并“学会”生活在时代变化中的能力，意味着瑞莱斯大厦可以相对容易地从百货商场、医用诊疗室与裁缝作坊转变成今天的旅馆、酒吧与餐馆。接下来还有光线，可以说这是大厦最典型的非凡之处了。透过巨大的窗户，日光与健康清新的空气涌入大楼之内，也为大楼内部租户展示了窗外摄人心魄的美景。自1918年起，这就成为20世纪现代主义的一个标志，事实上可以说是一种迷恋。而威廉·黑尔、约翰·路特与查尔斯·阿特伍德却早就做到了这一点。

然而，在建筑结构与艺术性上都非常激进前卫的瑞莱斯大厦，在建成后并未立刻引领现代高层商用建筑的前进方向。也许世界还没有做好接纳瑞莱斯大厦的充分准备。最初，大厦也只是引发了一场关于摩天大楼的施工方式与外形的讨论。由于瑞莱斯大厦以及其他早期高层建筑的存在，基于防火目的，芝加哥与纽约出台了一系列地方性法规，限制摩天大楼的楼高、建筑材料与施工方式。到19世纪90年代末，在这些规定的限制下，再想建造出像瑞莱斯大厦这样的大楼已经几乎不可能了。

瑞莱斯大厦在早期赢得了一些来自新闻界与建筑界的支持，也遭受了一些批评。有些人认为，一座建筑物不仅应该在实际上是结实坚固的，而且看起来也该如此。1896年，巴尔·费里在《内陆建筑师》(*Inland Architect*)杂志上宣称，尽管“瑞莱斯大厦是迄今为止最引人注目的一次尝试，旨在将围合材料的使用率降到最低”，但它事实上“几乎就是一间由白釉砖头砌出来的、被纵横交错的直线分割开的巨大玻璃屋”。[48]也许，伯纳姆之前的雇员A. N. 雷博里在1924年发表的隐含着事后觉悟的言论，已经简明扼要地回应了各方批评。他将瑞莱斯大厦归入先驱者的行列，认为它是一件尚未完成的艺术品。对雷博里而言，瑞莱斯大厦不是“解决问题的一个艺术途径，而仅仅是以艺术的方式表述了问题本身”。而且，它在建筑概念方面留下的最宝贵的遗产，就是大胆地将建筑外立面的功能削减至仅仅能够承载包层，“没人会误以为它具有结构承载力”。换言之，瑞莱斯大厦以一种彻底而又令人信服的方式，第一次将玻璃幕墙由概念变为现实。除了承受自重，玻璃幕墙不具有任何结构功能。[49]正是这项遗产使得瑞莱斯大厦对即将到来的一代又一代摩天大楼来说有着至高无上的重要性。

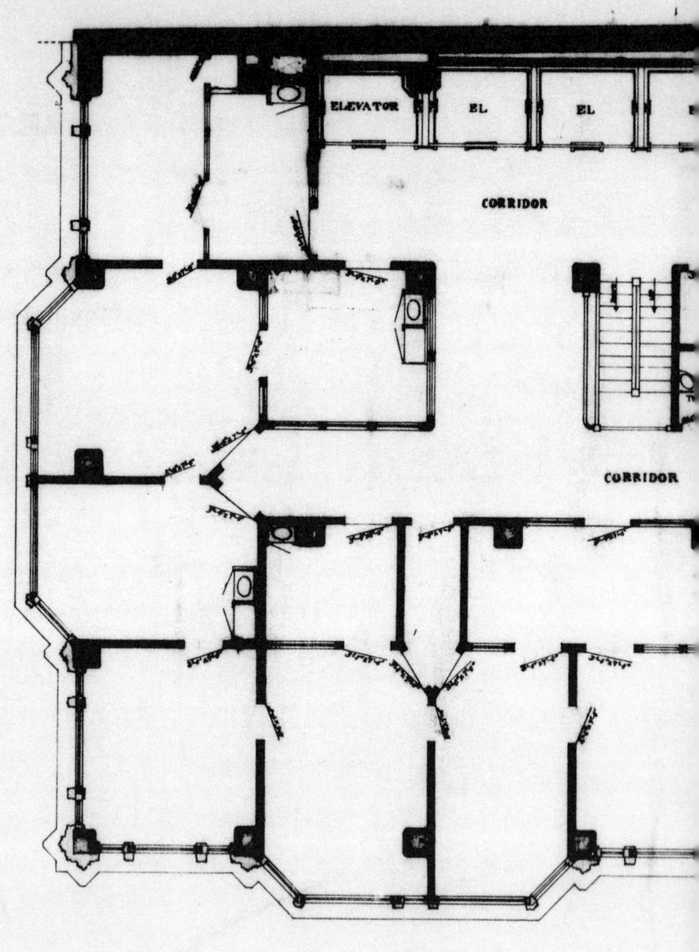

Typical Floor Plan

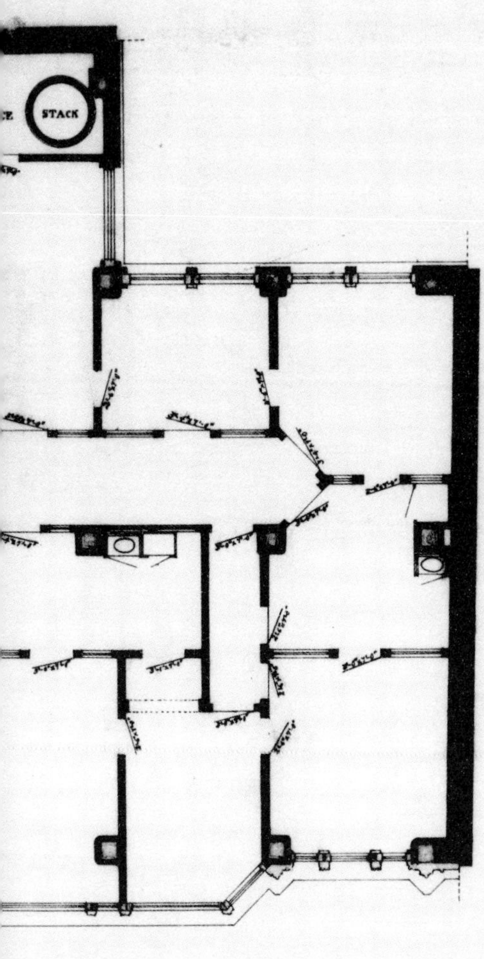

RELIANCE BUILDING
FOR
W E HALE

SCALE 1/4 IN = 1 FT.   D. H. BURNHAM & CO. ARCH'TS.

(40)

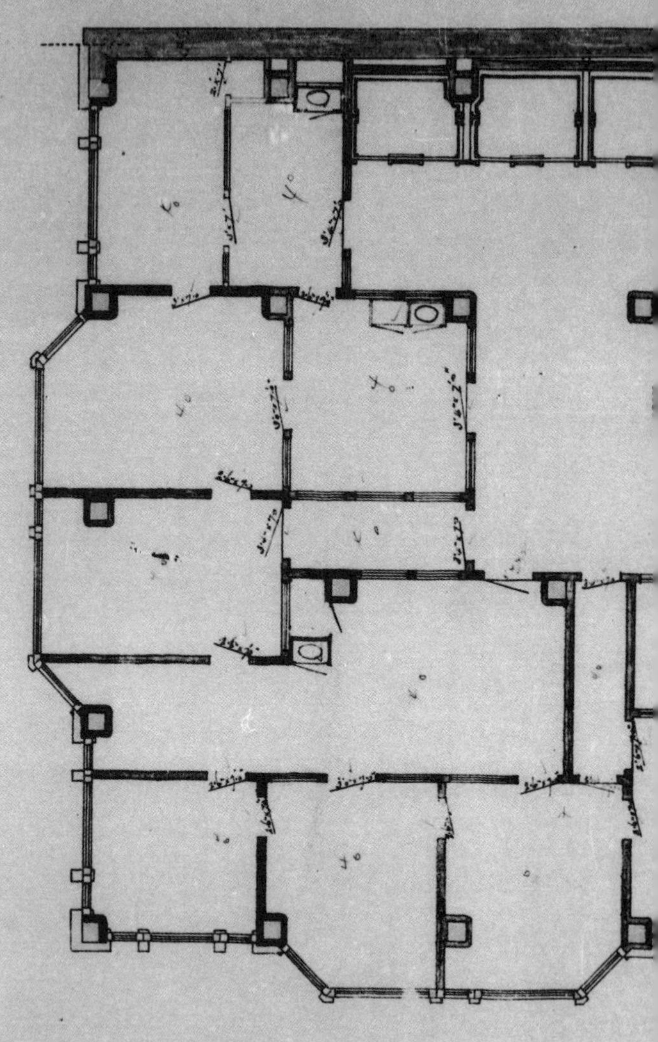

·EIGHTH·FLOOR·PLAN·

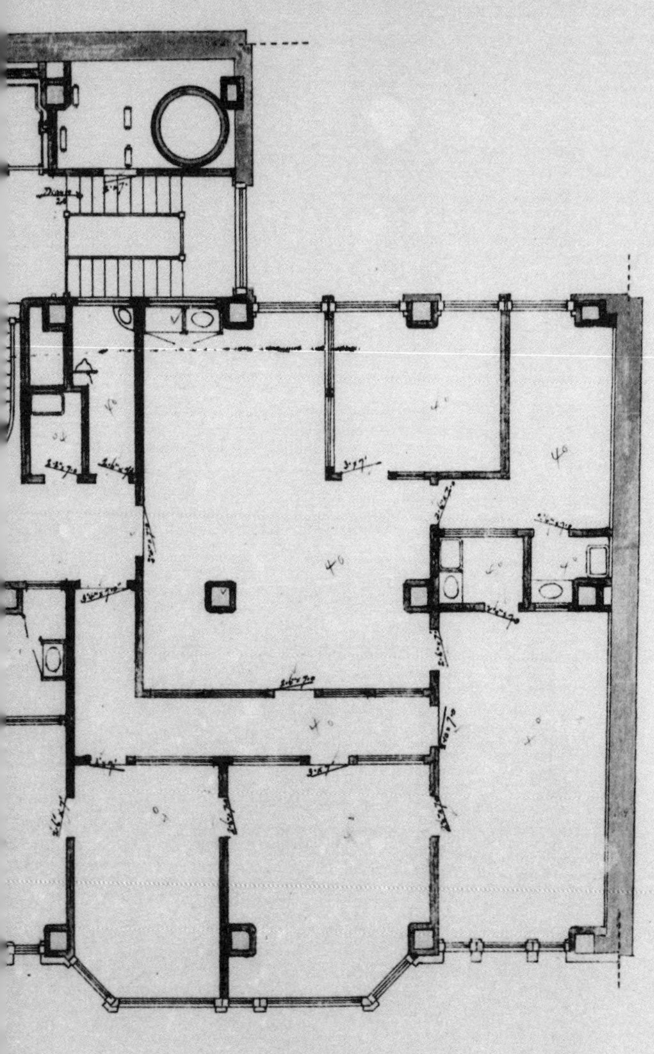

RELIANCE BUILDING

FOR

W. E. HALE

SCALE $\frac{1}{4}$" = 1 FT   D. H. BURNHAM ARCHT

8

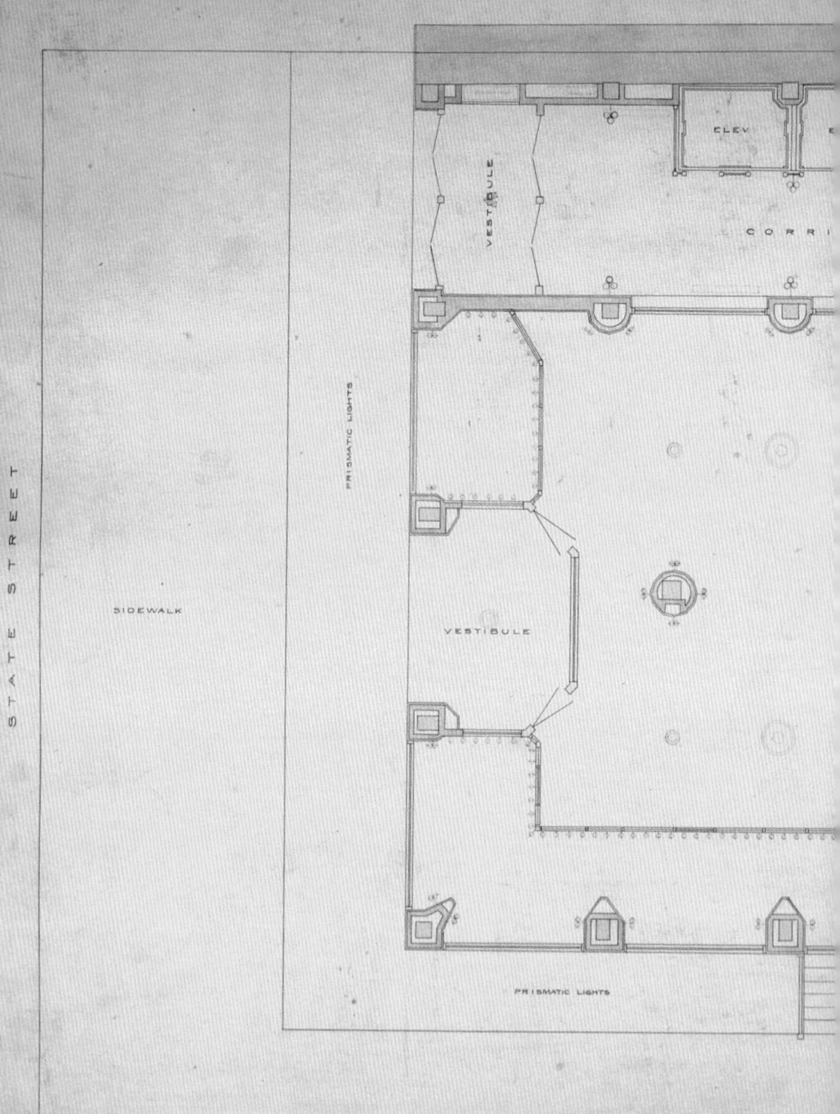

STATE STREET

FIRST FLOOR

WASHINGTON STREET

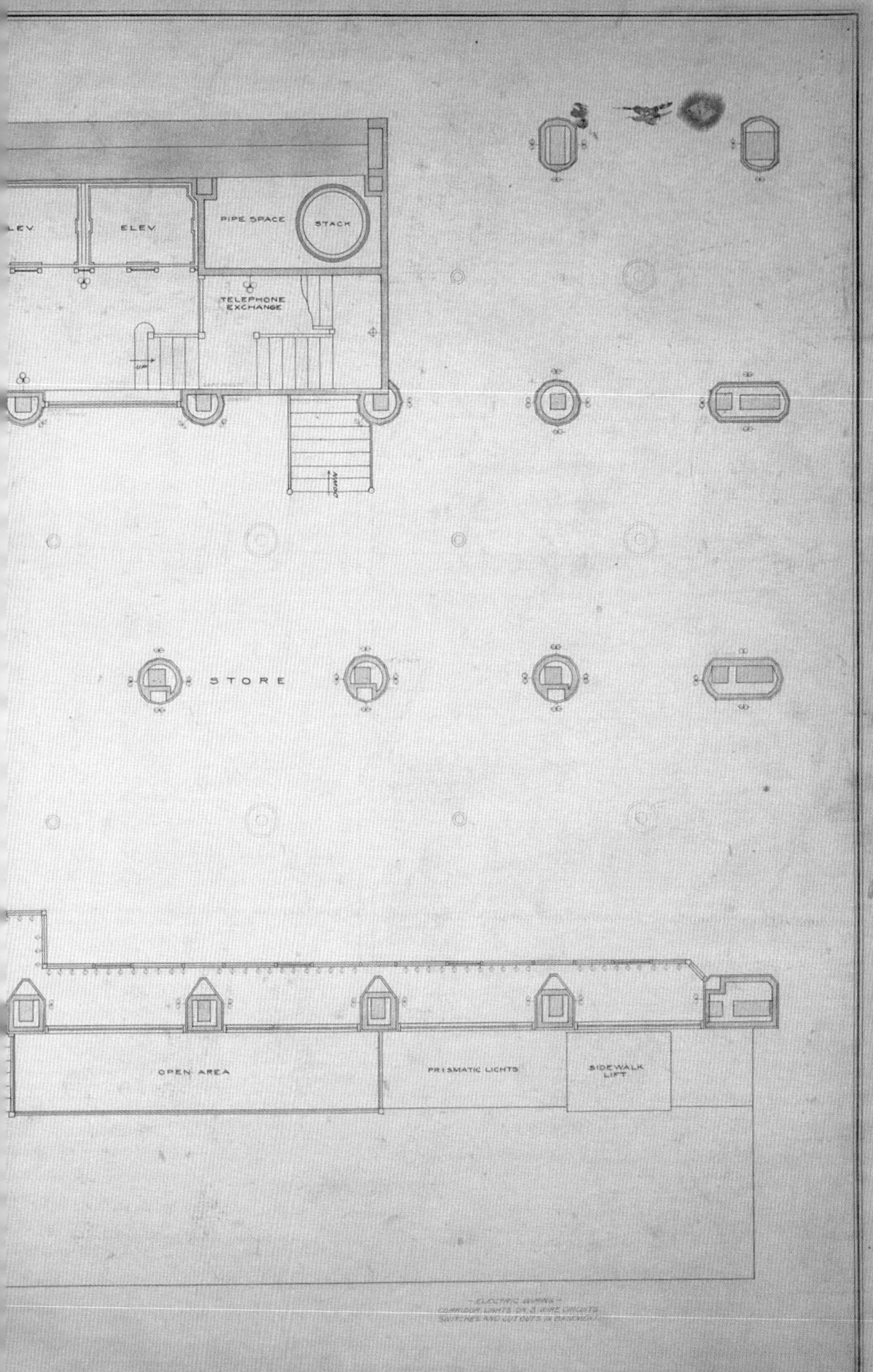
ELEV
ELEV
PIPE SPACE
STACK
TELEPHONE EXCHANGE
UP
STORE
OPEN AREA
PRISMATIC LIGHTS
SIDEWALK LIFT
– ELECTRIC WIRING –
CORRIDOR LIGHTS ON 3 WIRE CIRCUITS
SWITCHES AND CUT OUTS IN BASEMENT

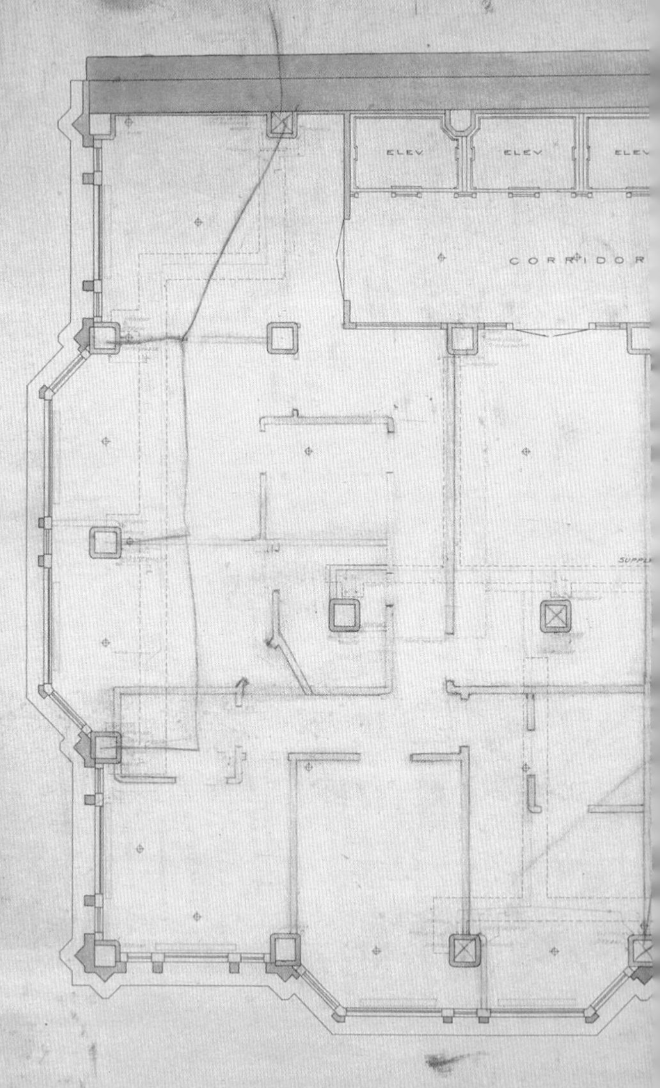

SECOND FLOOR

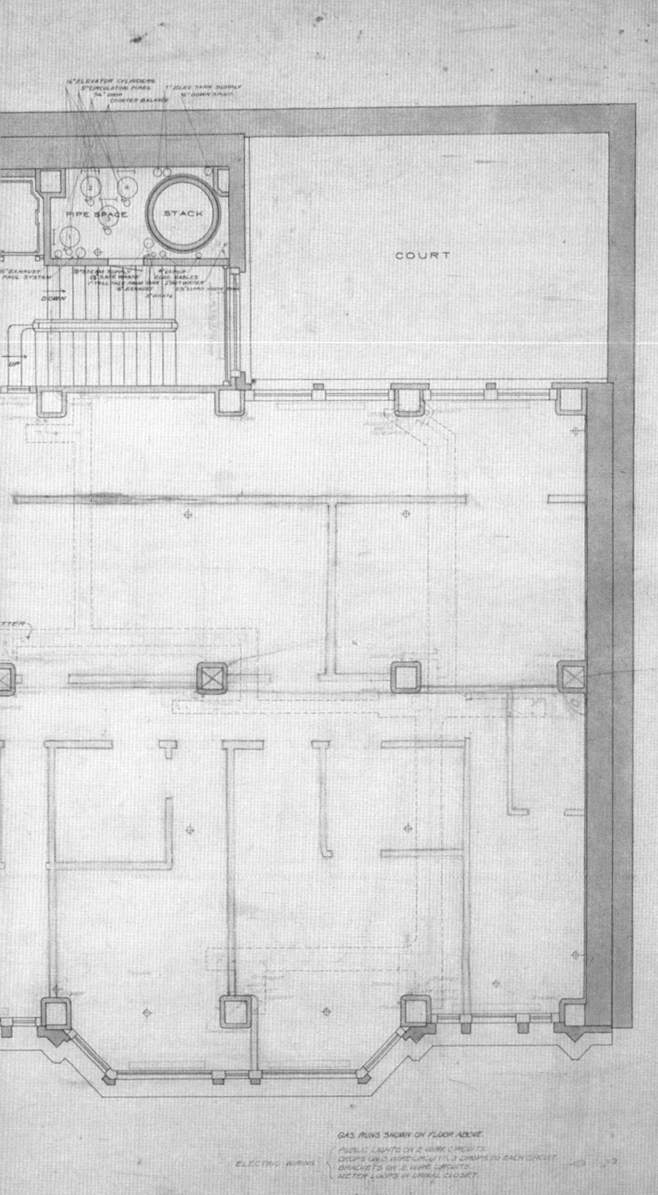
16" ELEVATOR CYLINDERS
5" CIRCULATION PIPES
COUNTER BALANCE
PIPE SPACE
STACK
COURT
DOWN
UP
GAS RUNS SHOWN ON FLOOR ABOVE.
ELECTRIC WIRING
PUBLIC LIGHTS ON 2 WIRE CIRCUITS.
DROPS ON 3 WIRE CIRCUITS, 3 DROPS TO EACH CIRCUIT.
BRACKETS ON 2 WIRE CIRCUITS.
METER LOOPS IN URINAL CLOSET.

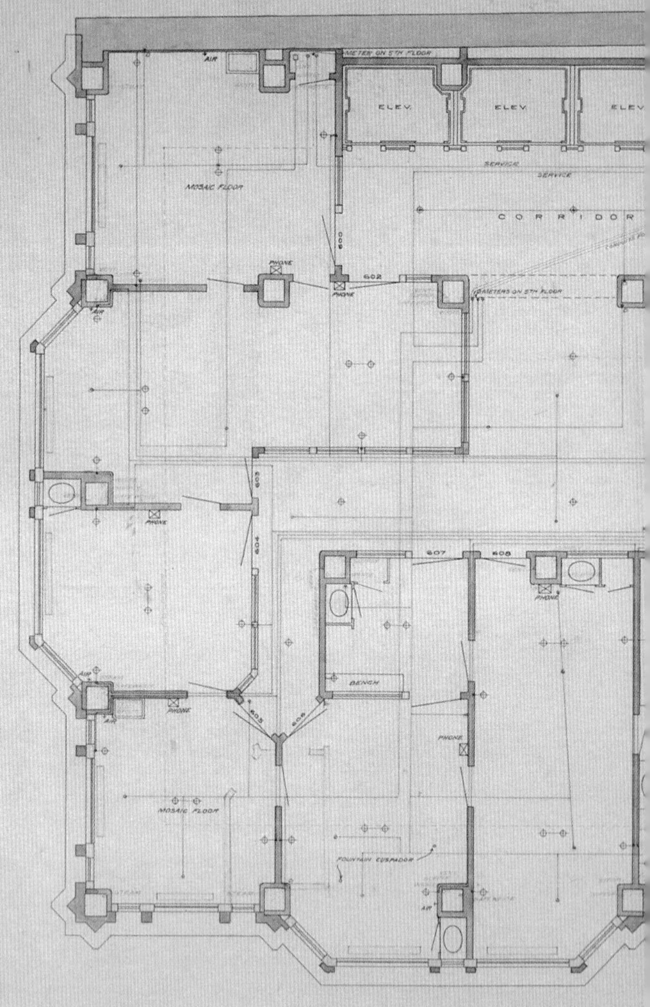

METER ON 5TH FLOOR
AIR
ELEV.
ELEV.
SERVICE
SERVICE
CORRIDOR
MOSAIC FLOOR
PHONE
602
PHONE
METERS ON 5TH FLOOR
AIR
PHONE
603
604
607
608
PHONE
BENCH
AIR
PHONE
AIR
605
606
PHONE
MOSAIC FLOOR
FOUNTAIN CUSPADOR
AIR

SIXTH FLOOR

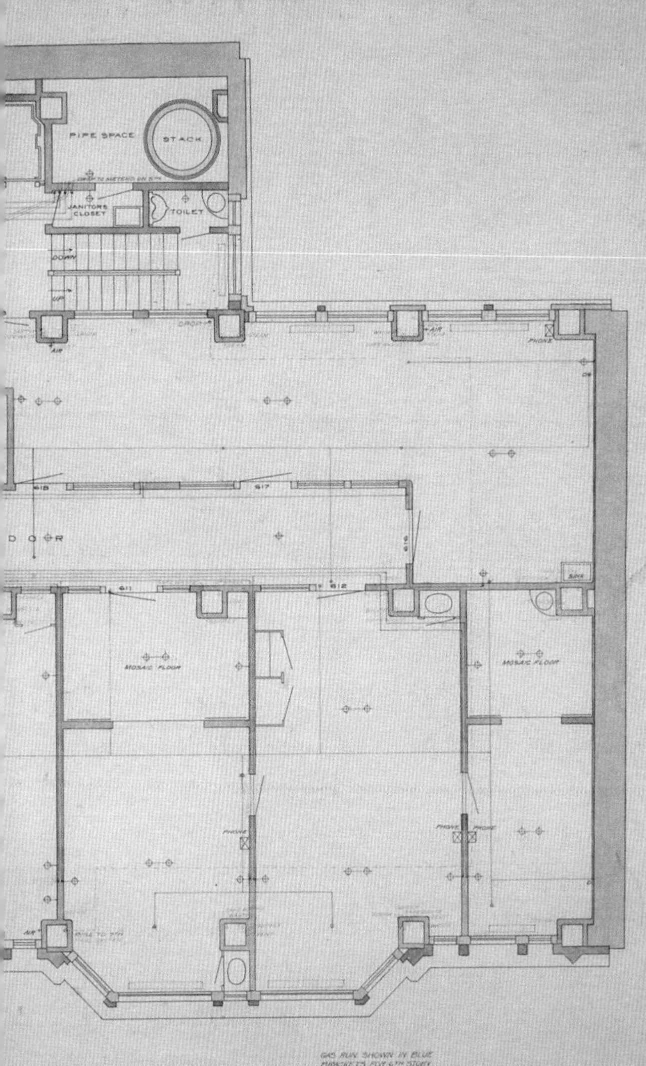

GAS RUN SHOWN IN BLUE
BRACKETS FOR 6TH STORY
DROPS " 5TH "

ELECTRIC WIRING { PUBLIC LIGHTS ON 2 WIRE CIRCUITS.
EACH ROOM ON 2 WIRE CIRCUITS & METER.
METERS IN METER CLOSET.

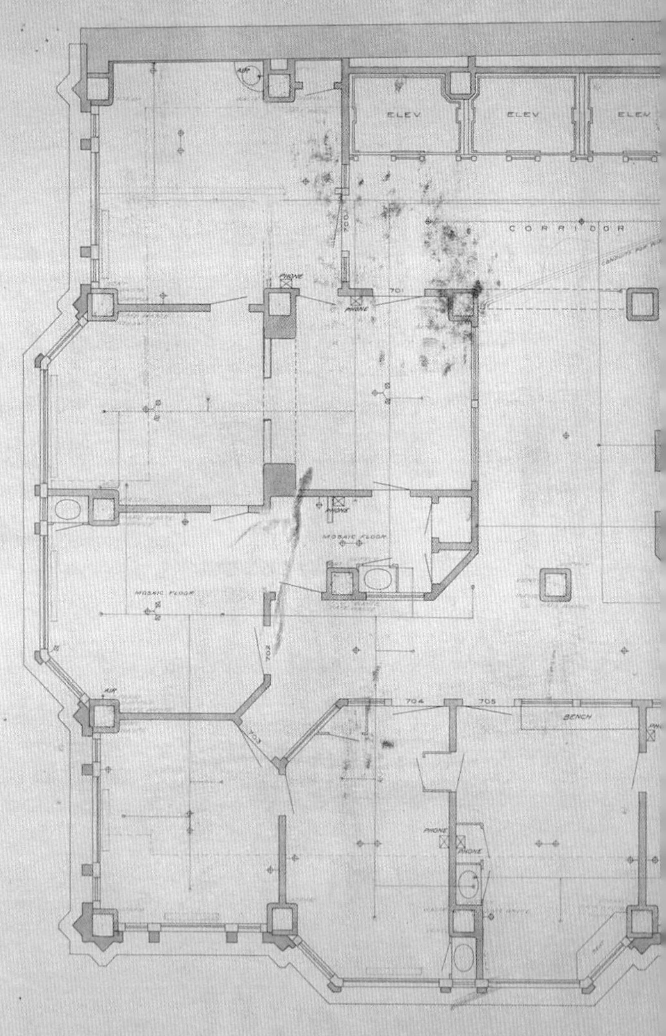

SEVENTH FLOOR

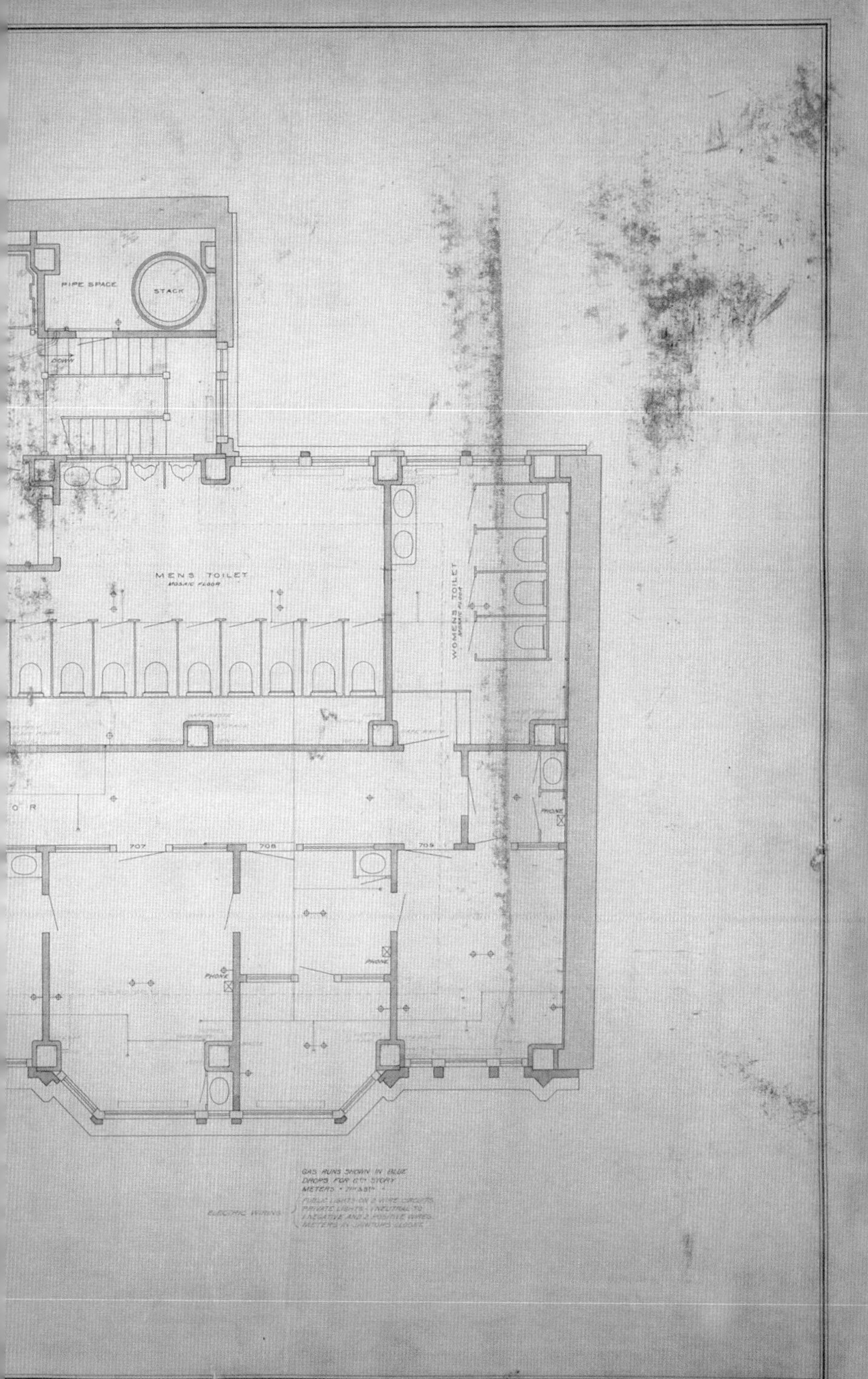
PIPE SPACE
STACK
DOWN
MENS TOILET
MOSAIC FLOOR
WOMENS TOILET
707
708
709
PHONE
GAS RUNS SHOWN IN BLUE
ELECTRIC WIRING
PUBLIC LIGHTS ON 2 WIRE CIRCUITS
PRIVATE LIGHTS - 1 NEUTRAL TO
NEGATIVE AND 2 POSITIVE WIRES.
METERS IN JANITORS CLOSET.

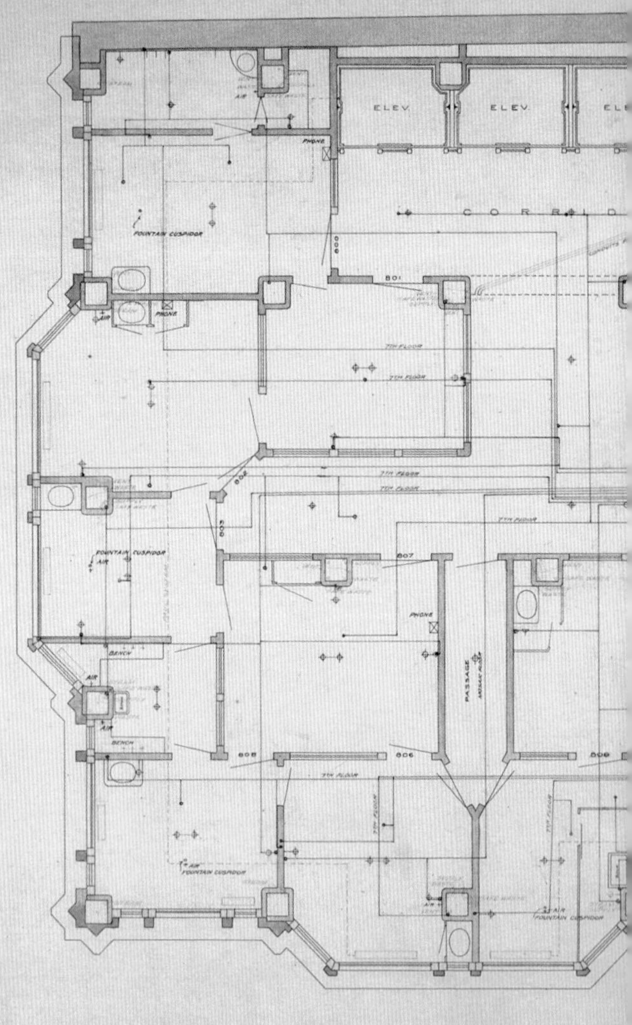

EIGHTH FLOOR

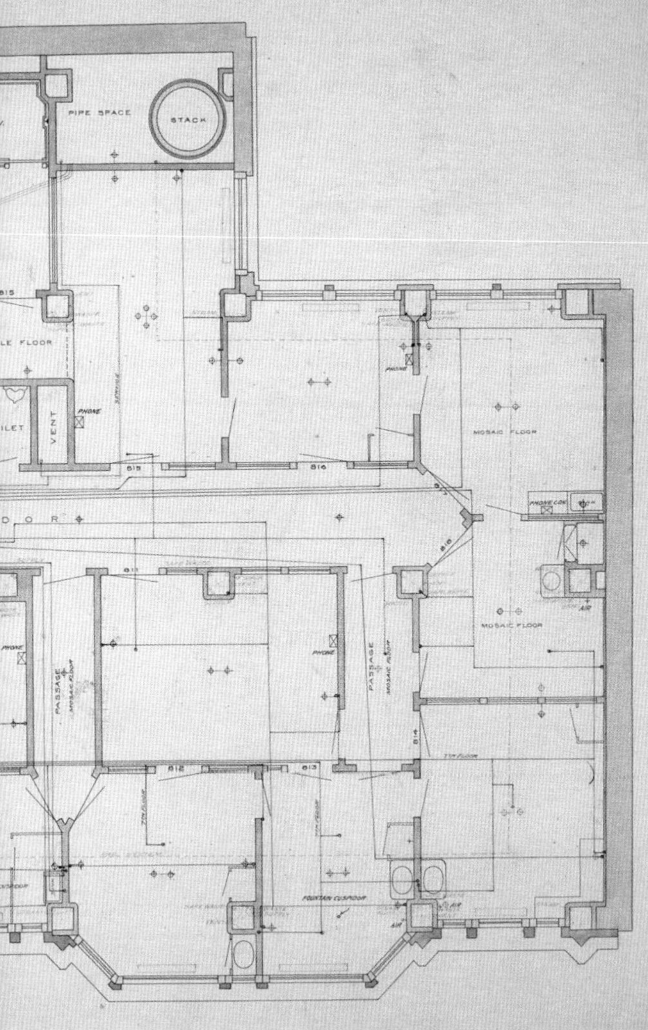

GAS RUNS SHOWN IN BLUE
BRACKETS FOR 8TH STORY
ALL RUNS " 7TH "
METERS ON " "

ELECTRIC WIRING { PUBLIC LIGHTS ON 2 WIRE CIRCUITS.
PRIVATE LIGHTS - 1 NEUTRAL TO
1 NEGATIVE AND 2 POSITIVE WIRES.
METERS IN TOILET ROOM.

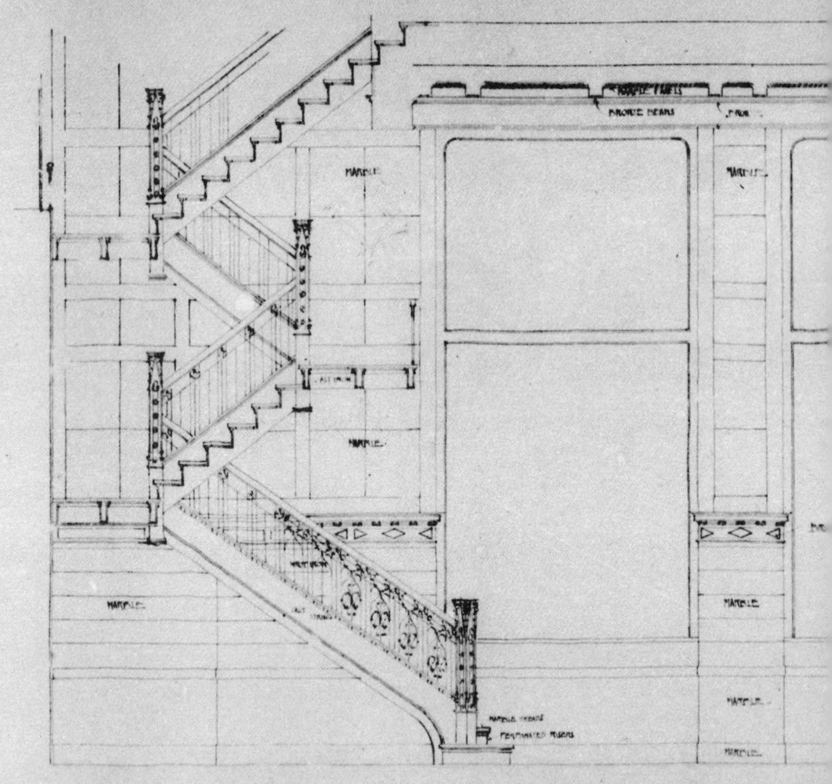

·NORTH·ELEVATION·

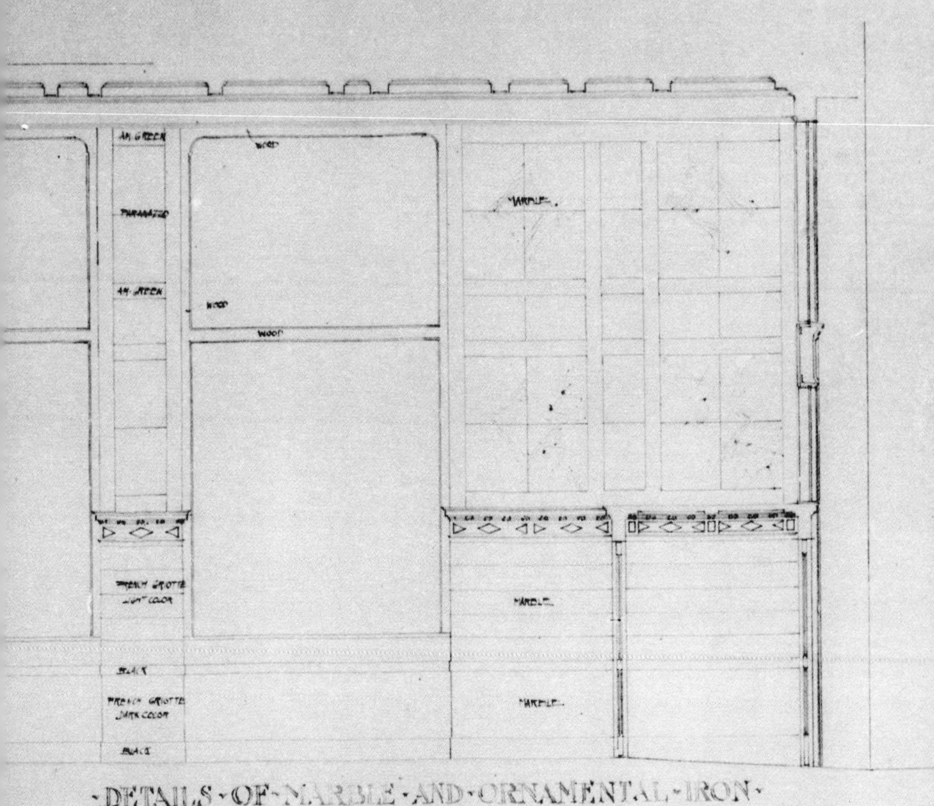
AM. GREEN
WOOD
MARBLE
AM. GREEN
WOOD
WOOD
FRENCH GRIOTTE LIGHT COLOR
MARBLE
BLACK
FRENCH GRIOTTE DARK COLOR
MARBLE
BLACK
·DETAILS·OF·MARBLE·AND·ORNAMENTAL·IRON·
·RELIANCE·BLDG·FOR·W·E·HALE·
·SCALE·$\frac{1}{2}$·INCH=ONE·FOOT···D·H·BURNHAM·ARCHT·
34

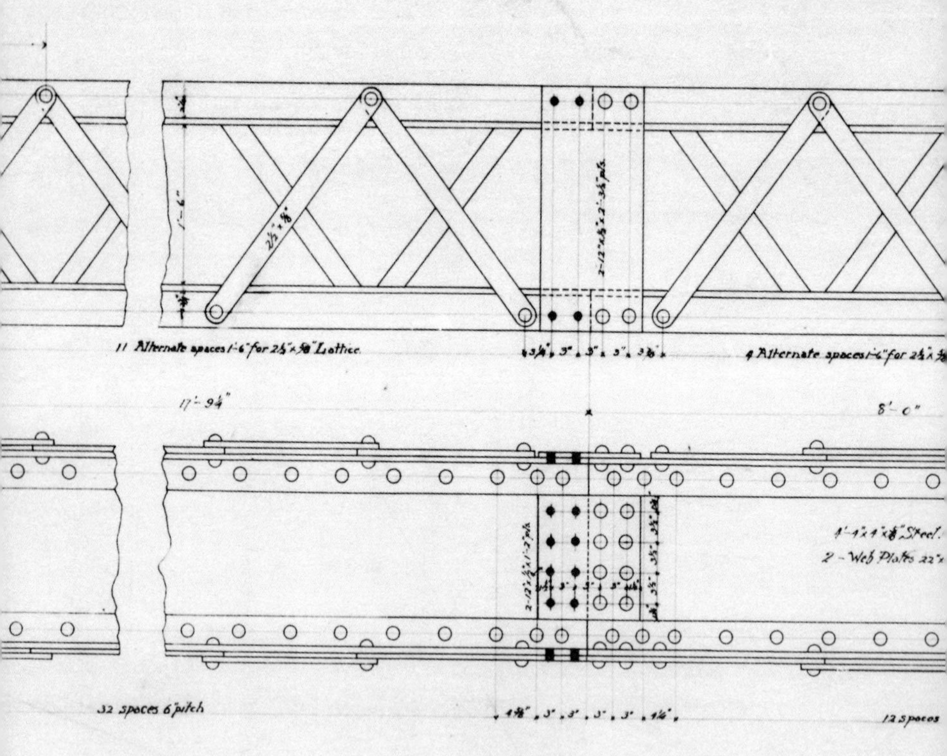

11 Alternate spaces 1'-6" for 2½"×⅜" Lattice
4 Alternate spaces 1'-6" for 2½"×
17'-9¼"
8'-0"
32 spaces 6" pitch
12 spaces

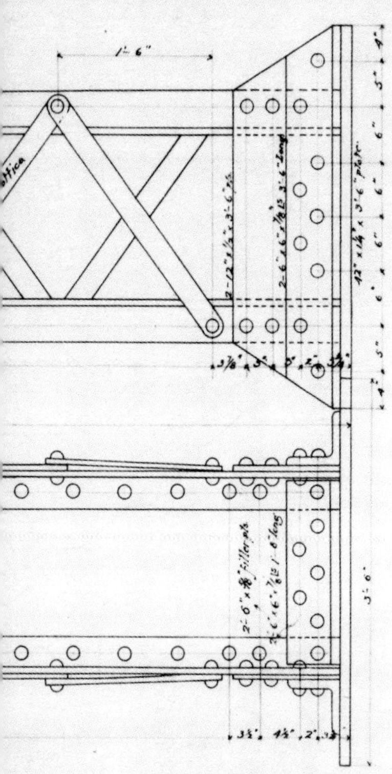

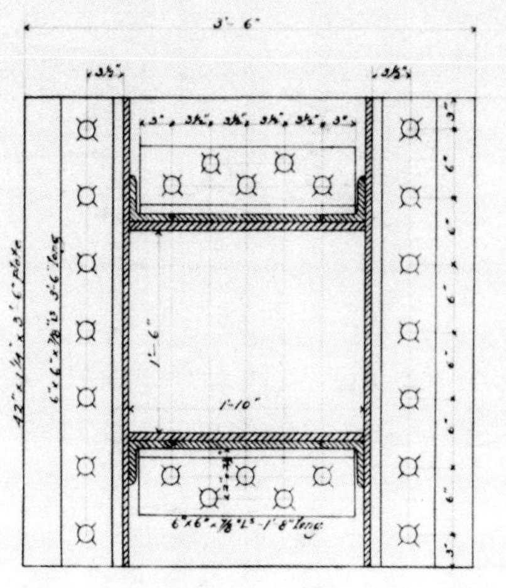

Note: All material steel.
All rivets 7/8 inch. diam.

Column C.

W. E. Hale Bldg.

Burnham and Root Archts.

OFFICE COPY.

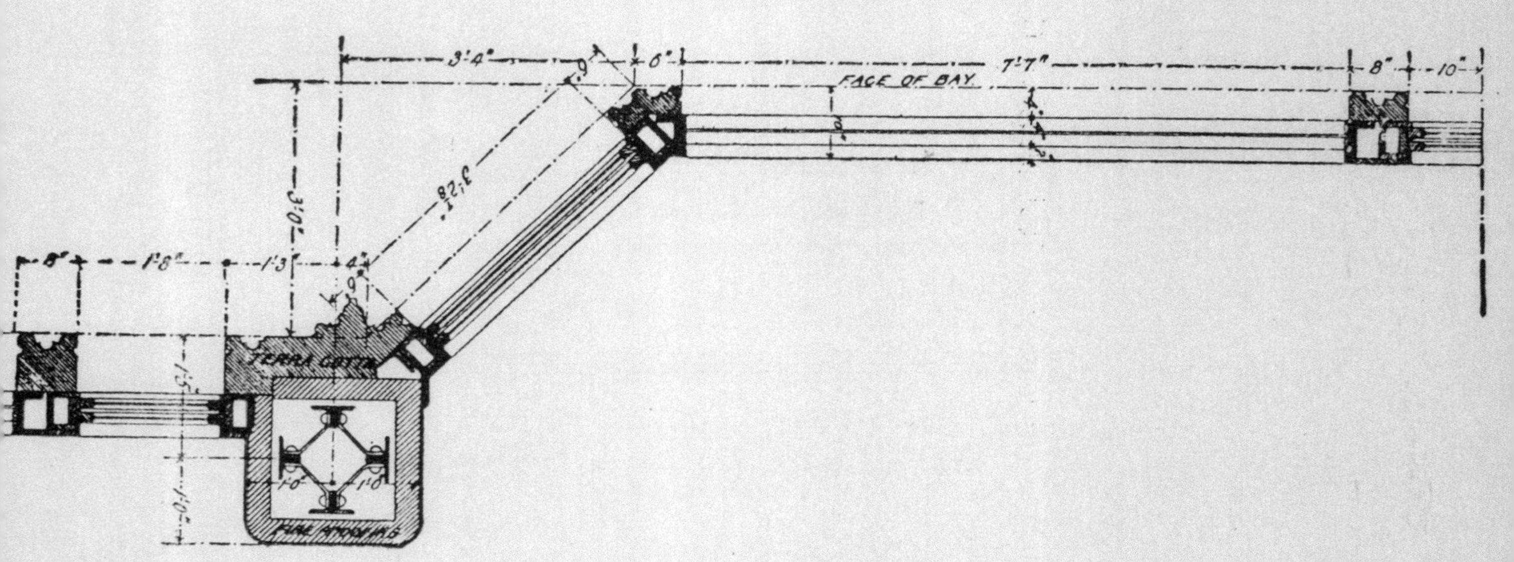

3'4"
6"
7'7"
8"
10"
FACE OF BAY
3'0"
8"
1'8"
1'3
4"
9"
TERRA COTTA
1'5
1'0"
1'0"
1'0"
FIRE PROOFING

黑白楼层平面图

典型楼层平台图：此图可能绘制于1893—1895年，即路特去世之后，查尔斯·阿特伍德担任项目建筑师期间。

八楼：一段手写的注释标注着“于1894年4月7日通过”。但事实上，楼梯并未如图依原样建造，蜿蜒的楼梯被笔直的楼梯台阶与平台所取代。本平面图及典型楼层平台图上所示隔断系统都非常特殊，体现出黑尔企图在大厦开放式的设计中分化出许多小型办公室与诊疗室的计划。

彩色楼层平面图

这些设计图既未标注日期，也未署上建筑师大名。它们展示了大厦的原始结构，但显然也用于测试、规划不同楼层的隔断布局。北面是底部。

一楼：清晰地展示出入口走廊、四台电梯与一段楼梯，还有西南角的露天庭院。请注意观察构造柱的奇特位置。最引人注目的是，大厦在国家大道的临街面正中间的构造柱并未与中心柱对齐成一排。

二楼：用铅笔画出了一排隔断，从而创造出可供租赁的小空间。此处西南角的开放空间被清楚地标记为“庭院”。粉色象征着砖石结构。因此，防火界墙的尺寸与位置一目了然。

六楼：绘制了一系列通常为常规形式的办公室与诊疗室，大多装有与水管连接的水槽。图中注明了管道的位置与走向。根据一段发表于1895年的说明，这层楼本打算租给“男装裁缝、女帽制造商、女装裁缝和珠宝商”。但这张设计图显示，在绘制此图时建筑目的已发生改变——这层楼与上面的楼层一样，将被内科医生与牙医租用。

七楼：本层为使用大楼的男男女女提供了面积最大的公共洗手间。这层楼的办公室意在为“外科医生、牙医以及其他想要拥有大办公套间的人”提供便利。

八楼：绘制出了较小的诊疗室，楼层面积大多被走廊与公共空间占据。

素描

楼梯的立面图与截面图：展示了“大理石装饰细节与装饰性铁材”。空白处注释“于1894年4月获批”，署名是D. H. 伯纳姆公司的“内部业务工程师”E. C. 尚克兰。

“立柱C”的立面图与截面图：这幅图绘制于1891年1月，即路特离世前。图上标记显示此图是为“W. E. 黑尔大厦”所制，并注明“伯纳姆与路特建筑设计事务所”的字样，因此，此图诞生在“瑞莱斯大厦”这个名字出现之前。另一条手写注释记载着“E. C. S于1890年4月29日批准”，因此可见，这项设计是得到内部业务工程师E. C. 尚克兰首肯的。

凸窗的截面图与平面图：显示出瑞莱斯大厦的装饰性陶板外墙与钢铁结构的完美结合。钢板铆合而成的立柱外包陶板起到了防火的作用。

* * * * * *

遗产

瑞莱斯大厦落成后，一石激起千层浪。人们对它的敌意也许更多源自无法理解、不能欣赏它在艺术上或功能上的潜力，而非基于纯粹的反感。一些评论家在大厦竣工时对它赞美有加，但大多数在19世纪90年代中期参与过芝加哥与纽约市摩天大楼建设的建筑师与委托方，均对瑞莱斯大厦信奉的极简主义采取抵制态度。而且，他们不赞同大厦的设计暗示出的对传统历史装饰物的完全摒弃。建筑界普遍持有他们一贯的观点，认为高楼应该看上去就和它本身的坚固程度相符；而且历史主义的设计细节意味着可靠、熟悉与高雅文化，这种阳春白雪的感觉对生意有好处。1893年“白城”的布杂艺术美学主义者以及他们的观念持续对建筑业产生着影响。他们觉得，罗马—文艺复兴古典主义是美国的民族风格，适用于任何有文化主张的建筑。这一观点的拥护者，在芝加哥与纽约赢得了关于摩天大楼艺术前进方向的首场辩论的胜利。直到1936年，尼古劳斯·佩夫斯纳仍关注着这一情况。他说道，“1893年芝加哥世博会之后”存在着“针对路特所做的创新的抵制”。[1]瑞莱斯大厦简直太怪异、太新奇了，无人愿意效仿。

1895年之后的几十年间，几个重要的实例也印证了上述的观点。其中特别有趣的是丹尼尔·伯纳姆本人建筑风格的转变。他从创造前卫的瑞莱斯大厦，转向设计后期更为传统的建筑。但让人迷惑的是，继瑞莱斯大厦之后，伯纳姆设计建造的第一幢大型高层建筑表明瑞莱斯大厦精神仍在延续，而且显而易见，这就是它的接班人。费希尔大厦位于迪尔伯恩大街与范布伦大街交会处，由伯纳姆事务所的查尔斯·阿特伍德于1893年为黑尔之前的商业伙伴卢修斯·G.

费希尔设计。无疑，这项计划启动于瑞莱斯大厦的全盛时期，而阿特伍德本人的创造力当时也仍处于巅峰。但是，一系列的延误与交涉，尤其是1893年芝加哥出台的建筑法规中限高的规定所造成的不便，导致费希尔大厦直到1895年才破土动工，而等到转年完工的时候阿特伍德已经去世了。

然而，这样的延误以及阿特伍德之死，似乎并未对这座大厦造成实质性的不利影响。它过去是，而且现在仍然是非凡的，尽管市政当局对建筑高度的担忧日益加重，而费希尔大厦高达19层，约84米（开始施工时，1893年出台的法规尚未实施。因此，考虑到新规限高约42.4米，费希尔大厦的高度算得上是一种成就）。大楼外立面同样镶有许多玻璃，尽管没有瑞莱斯大厦上的玻璃所占面积那么广。费希尔大厦表面设计有大量凸窗，70%的面积是平板玻璃，而瑞莱斯大厦两个主立面有90%覆盖着玻璃。因此，尽管成排窗户之间的横向装饰带极窄，但费希尔大厦的竖框更多，因而看上去也更结实。同样，费希尔大厦的外墙材料还是陶板，只不过采用浅石质颜色而非白色。有趣的是，与瑞莱斯大厦相比，费希尔大厦上具有历史渊源的装饰物展示得更明显一些，也许这是应了费希尔本人的要求。同样，铸造的设计细部受到了哥特式建筑的启发，但与瑞莱斯大厦不同的是，费希尔大厦的上部相当传统，甚至在设计感上有些倒退，而且显然装饰过度了：瑞莱斯大厦只有一个含蓄的檐口与带饰，但在费希尔大厦上这两处部件的设计都更贴近传统形式，强调向历史致敬。此外，费希尔大厦的窗户顶端还被冠上一条高空中的拱廊。

但是，在建筑结构上，费希尔大厦比瑞莱斯大厦更具有未来主义倾向。瑞莱斯大厦的所在地（成排的房屋在这里聚合，大厦被挤在空间受限的街角中）意味着，瑞莱斯大厦四面外墙中的两面事实上是由厚重砖石结构建造的防火界墙。但费希尔大厦的情形就不一样了，这座大楼仍然由E. C. 尚克兰担任工程师，其抗风铆合的钢铁框架在没有砖石墙壁支撑的情况下耸立而起，四面墙体中的三面外包玻璃与陶板（北面如今被建设于1906年的一座稍高的扩建物遮挡，扩建部分整体风格与费希尔大厦一致）使费希尔大厦覆有大量玻璃，外部装饰细节相对简约。而且大厦虽然遵循传统做法，从临街面拔地而起，却极有创意地在视觉上构成一座雕塑般的独立大楼，而这正是后来流行于20世纪的风尚。

更能代表紧随瑞莱斯大厦之后那段时期的建筑风格的，是马萨诸塞州伍斯特市主街上9层楼高的国家互济人寿保险公司大楼（现为商业大楼）。它由皮博迪－斯特恩斯建筑设计事务所主持设计，于

1897年完工。皮博迪与斯特恩斯是主要活动在波士顿的建筑师，他们负责了芝加哥“白城”中一座主要展馆的设计。这是个非常有趣的例子，展示出布杂艺术派建筑师要如何建造高楼，而瑞莱斯大厦的影响在这其中又是如何微不足道。皮博迪与斯特恩斯设计的这座建筑同样拥有钢铁框架结构，但被石料镶面与传统立面的经典布局隐藏了起来，甚至被否定了存在。保险公司大楼的立面布局全部采用文艺复兴时期豪华宫殿的风格，装饰细节包括一面粗面墩座墙、若干拱廊、数层光滑的琢石雕面与一个厚重的顶部檐口。

19世纪90年代中期，芝加哥选择支持视觉上的坚固效果与装饰

（左图）由查尔斯·阿特伍德于1893年设计的芝加哥费希尔大厦。它与瑞莱斯大厦有着极大的亲缘上的相似性，但它的陶板外墙采用淡黄色而非釉白色。（上图）大楼外观上，费希尔大厦采用的玻璃较少，具有历史感的装饰更多。

上的历史主义，从而排斥瑞莱斯大厦所传达的先锋性理念，包括大楼外观上的透明感与建筑设计上的极简主义。要想了解这背后的原因，就有必要将瑞莱斯大厦置于它所处的时代背景中进行思考。如此一来，有两个主要原因浮出了水面：一个明显而直接；另一个则是推测性的，且不易被察觉。前者与施工过程客观实际的可行性有关，后者涉及主观方面的艺术品位取向。以后人的眼光看待，我们倾向于将瑞莱斯大厦，尤其是将它那镶有大量玻璃的幕墙看作即将到来的现代主义建筑的勇敢先驱。但显然，在19世纪90年代中期至晚期，瑞莱斯大厦在大多数建筑师与批评家眼中仅仅是一件新奇之物，只是一个稍纵即逝的疯狂想法而已，绝不是能够造成深远影响的建筑原型。正如托马斯·莱斯利指出的那样，如今人们“很想将幕墙结构（诸如瑞莱斯大厦与费希尔大厦所具备的那般）看作它们在20世纪的后辈的先行者。但这些试验并不如它们看起来那样富有先见之明……”。自支撑框架与幕墙的结合，本质上就是一层“覆盖在框架上的外皮，而非与框架结构浑然一体……而且在芝加哥存在的时间相当短”。而对丹尼尔·伯纳姆来说，“（当）这个构想……出现问题的时候，这场短暂的实验很快就被放弃了”。[2]其中一些问题有点无趣，比如说平板玻璃的价格急剧上涨；而另一些问题则要深刻得多：费希尔大厦刚巧躲过了新出台的芝加哥建筑法规，但芝加哥后来兴建的那些摩天大楼可就没这么走运了。

建筑法规与关于大楼限高的立法

19世纪90年代，在摩天大楼对城市产生的影响的问题上，人们的看法莫衷一是，建筑越来越多地受到政治因素的影响。摩天大楼的建造对商界与城市建筑实业家来说固然是至关重要的，但摩天大楼对城市这一整体的意义又在何处呢？两个主要问题由此凸显出来："高楼增加了火灾风险，而且它们庞大的身躯剥夺了周边场地及街道享有日光与清新空气的权利。"[3] 1893年出台的《芝加哥建筑法令》（*Chicago Building Ordinance*）及其后续修订本，主要反映了人们对这两方面的担忧。关于大楼高度的规定也表明了该法令所引发的商业及政治游说的强度。

1893年，高层建筑的最大高度被规定为40米或10层楼。这个规定也许有些随意，而且肯定超过了当时的消防梯所能到达的正常高度，这种随意性引发了建筑业与商业的游说。1896年，高度限制上调到47.2米，但反游说方又在1898年将其降回到40米。1901年，限高再次提高，达到了55米，而到了1902年，这个限制已经达到了79.2米。[4]在芝加哥，最终还是商业利益占了上风，但这也仅仅是因为消防技术得到了改进，而且大众普遍认为，相关的建筑法规已经使高层建筑不那么易燃或者容易受灾了。值得注意的是，相关法则也限制了凸窗的大小，增加了防火包层的厚度，而且还要求外墙的厚度与坚固程度随着建筑高度的增加而增加，无论外墙承重与否。所有这些规定严重限制了设计安装玻璃幕墙的条件。到了1903年，法令规定窗框必须采用不可燃材料，这也就完全终结了"芝加哥窗"的时代，因为它整体采用木制窗框，内嵌大块固定的平板玻璃。在20世纪的头10年里，想要在芝加哥建造一座像瑞莱斯大厦那样的建筑，在法律上是行不通的，而在纽约，不断更新的建筑规范就更加烦琐了。

“天柱”美学

导致瑞莱斯大厦模式被阉割的深层原因是摩天大楼设计美学理论的出现。这种理论通过宣扬一种看起来更加稳固结实的建筑样式适应了法规的安全管制。1896年，将公司总部设在芝加哥的路易斯·沙利文成了这一新兴审美情趣的强力代言人，并对这种新口味给予了有力的支持。沙利文自认是个艺术家、建筑师，他也敬佩约翰·路特是个和自己一般心性的人。尽管他在1893年芝加哥世界博览会上获得了一项重要的委派任务，但他对负责人丹尼尔·伯纳姆仍怀有深深的憎恶，并且对世博会推崇备至的布杂艺术古典主义风格怨气冲天。沙利文一向乐意通过通俗易懂的语言文字表达自己的建筑偏好，于是便有了他刊登在《利平科特》（*Lippincott's*）杂志1896年3月刊上，题为《艺术思考下的高层办公楼》（*The Tall Office Building Artistically Considered*）的文章。这篇文章之所以出名，皆因那句惊世骇俗的名言：“形式永远追随功能。”这句话后来成了20世纪早期现代主义的座右铭。

但更具体地说，为了解释摩天大楼这一当代新兴建筑类型应有的模样，沙利文提出了一种视觉上而非技术上的理论。对他而言，高层建筑仅仅代表着商业大楼。19世纪90年代，沙利文和大多数与他同时代的人一样，还未能完全理解，更别提去想象住宅大楼的存在了。对他来说，那仍然存在于未来。在他所著的文章开篇，他反问读者：“一座高层办公大楼的主要特征是什么？”然后，他自己给出了显而易见的答案：“那就是高耸入云。”沙利文如此一问，用意也许并不那么明显，不过肯定要将话题落在摩天大楼的设计上。对他来说，建筑师应该拥抱建筑通过其特质所展现出的艺术与情感方面的隐含诉求，而不是使用障眼法去掩盖它。正如沙利文所言："这种高度正是艺术的本质，是（摩天大楼）摄人心魄的一面……它必须高高在上，它的每一寸都应如此。高度蕴含的力量与劲道必须容纳其中……每一寸都得傲然挺立、高耸入云。自下而上，凭着纯粹的喜悦拔地而起，形成统一的整体，没有一缕不和谐的线条。"

也许这段文字读来会让人觉得沙利文指的是瑞莱斯大厦，因为它的建筑者丝毫没有企图在其外表上以视觉的诡计掩饰大楼的高度。但是，沙利文继续设想出另一种完全不同的高楼布局。他开始给他的理论赋形。沙利文观察道："一些评论家，尤其是那些非常有洞见的人提出了一种观点，他们认为高层办公大楼真正的原型是古典主义立柱，由柱座、柱身与柱头组成。立柱的底座就相当于通常意义上大楼的底部楼层（包括工厂或商店）；无花纹或有凹槽的柱身就像单调乏味、连续不断的办公楼层；而最顶端雕刻优雅的柱头则是装饰奢华的顶楼。"

这看似有些矛盾，因为沙利文这位犀利的布杂艺术古典主义批判者，居然采用了这个比喻，将作为现代建筑化身、新兴技术产物的摩天大楼比作了三段式的古典主义立柱。但是，在沙利文表面的矛盾之中暗含着逻辑的表达。这种逻辑同样基于他那句"形式永远追随功能"的名言。他断言，这是大自然所传授的"法则"："功能不变，形式就不变。"但如果功能改变了，根据这个理论，形式必须随之变化。让沙利文感到心满意足的是，这条自然法则"迅速、清晰、极有说服力地”展示了“(摩天大楼)较低的一两层将会有与其特殊需求相符合的特征；层层典型的办公室楼层因其功能没有发生变化，所以形式也将保持不变；至于顶楼，由于它的本质是具体的、决定性的，所以它的功能在实际中、在意义上、在连续性上、在表现于外的形式上也同样都是有效的”。因此，沙利文总结道，如果遵照这一逻辑，“高层办公大楼的设计将取代其他业已存在的建筑类型。那时，建筑会成为一门活的艺术，就像多年前曾经出现的那次一样”。这一推理过程促进了，或者说必然促成了“天柱”的诞生。这个由柱座、柱身与柱头所组成的三层架构，这种遵循“不同形式反映不同功能”法则的创造，将持续定义20世纪摩天大楼的设计理念。

早在沙利文写这篇文章之前，他就已经设计了一座摩天大楼，一座充分展现出他的所思所想、检验了他提出的理论的摩天大楼：位于密苏里州圣路易斯的温莱特大厦。在沙利文构思大厦设计的这段时间里，他仍是丹克马尔·阿德勒的合伙人。大厦完工于1891年，这幢10层楼高的建筑采用钢铁框架结构，有着红砖外墙。一楼专为满足百货商店的特殊需求而设计；之上诸多楼层被设计为一模一样的办公楼；类似于柱上楣构的顶楼，外壁以赤陶材质雕刻着精致的自然主义风格涡卷装饰。这种装饰风格是当时的沙利文经过逐步探索发展形成的，用来代替传统哥特式或古典装饰风格。[5]这种自然主义装饰，以植物枝叶的形式向我们提供了理解沙利文思想的另一条

位于密苏里州圣路易斯的温莱特大楼是路易斯·沙利文在与丹克马尔·阿德勒共事期间构思设计的。大楼完工于1891年，是“天柱”美学三层架构的先驱。

线索。设计摩天大楼的模型之一是立柱，而另一个就是植物。在沙利文看来，对任何高度的大楼来说，植物都可成为设计上的自然原型。在视觉效果上，一楼使大楼植根于地皮之上，层叠的办公楼代表着植物的茎，装饰性的上部楼层与檐口则是植物花冠与美丽花朵的象征。

尽管温莱特大厦未使用常见的古典主义装饰细部，但它的三层架构引发了人们关于古典主义立柱或罗马神庙立面的联想。它们同样由墩座、立柱与柱上楣构三部分构成，这使大厦展现出一种强大的古典主义气度。事实上，一种普遍存在的观点认为，身为先驱，温莱特大厦以其豪华宫殿风格引领了在它落成后的几年里摩天大楼的整体设计风尚。温莱特大厦如此成功，以至于多年之后，弗兰克·劳埃德·赖特将其称为“人类在建筑学中首次成功诠释的钢铁结构办公高楼”[6]。这当然是种奇怪的说法，但也许他想要表达的是，尽管它不是第一座钢铁框架高层办公大楼，但在赖特看来，它是第一栋在建筑学上取得成功的大楼，而它的成功之处在于赖特眼中沙利文的“人情”味。看起来，对赖特而言，沙利文的摩天大楼设计方案是将建筑植根于自然世界之中，赋予它们人类的维度与文化上的传承，如此一来，就能让摩天大楼逐渐成为被人认可的建筑类型。显然，还有许多人有同感，因为沙利文提供的这种模式迅速成为标准，1896年又因他在纽约州水牛城设计建造的高达13层的保诚大厦（现名担保大厦）而得到极大发展，这使瑞莱斯大厦相形见绌。

也许，正是沙利文对伯纳姆日益加深的怨恨，促使前者对高层办公大楼的设计提出了“艺术的”“有人性的”反对方案。而伯纳姆在建筑事业中公事公办的做派，以及他对“异邦”的布杂艺术古典主义作为美国民族风格的推崇，加剧了沙利文对他与日俱增的怨怼。看到自己的观点占了上风，沙利文一定满心欢喜。但颇具讽刺意味的是，尽管如此，沙利文的建筑事务所的经营状况还是日渐惨淡，伯纳姆的公司却发展得蒸蒸日上。摆在沙利文面前的是一条清楚而又冷酷的教训：谈到商业建筑时，在利益的驱动下，商人的行为准则一定会压倒艺术家的道德观念。

在瑞莱斯大厦竣工之后迅速建起的那些摩天大楼表明了三层“天柱”式设计手法或豪华宫殿风格在当时的流行程度及主导地位。诚然，沙利文并没有发明摩天大楼布局的三层分割表现形式，或者创新性地提出在建筑的水平层上以不同的形式反映出大楼不同的功能。事实上，伯纳姆与路特在1887年设计的芝加哥卢克里大厦就可被看作三层架构建筑。但是，沙利文确实通过他的温莱特大厦打磨并宣扬了这种方式，也通过他的文字为这种新兴的豪华宫殿风格发声，使它广为人知。用赖特的类比来说，沙利文成功地将摩天大楼以“人类的方式”诠释出来。

继瑞莱斯大厦之后的“天柱”风格，在设计细节上或多或少带有些古典主义，在选材上也是传统的。不但保留了覆盖物或装饰物设计，而且窗与墙的关系也相对保守。大多数建筑师完全走上了古典主义之路，他们倾向于用大量的砖石结构包覆建筑物的钢铁框架，所设计的窗户在形状与大小上也多多少少体现出传统风格。1897年，皮博迪－斯特恩斯建筑设计事务所在马萨诸塞州伍斯特市设计建造了国家互济人寿保险公司大楼。这座具有古典主义设计细节的大楼，就是当时流行的豪华宫殿风格摩天大楼中的典型代表。位于纽约市百老汇的美国担保公司大楼建于1894—1986年间，沙利文于《利平科特》杂志发表他那篇影响力重大的文章之前。由此可见，沙利文只是反映出而非塑造了当时美国的建筑品位。

美国担保公司大楼最初有21层高，由大理石外墙包裹钢铁框架，在当时的纽约是非常新奇的建筑作品，因为直到1892年，纽约市建筑规范才允许建筑主结构框架由砖石结构改为金属材质。大楼的建筑师布鲁斯·普莱斯将设计构思总结为“有四个壁柱柱面的独立钟楼，七排窗户象征着（每个壁柱柱面的）七个凹槽”。*与沙利文设想的“天柱”一样，普莱斯的美国担保公司大楼也有一个极具识别度的地基，或者叫它墩座，支撑着其上如巨大的爱奥尼亚柱般矗立着的层层相同的用作办公楼的建筑主体（下面的两层因使用了檐口而显得比较突出）。办公楼顶端被冠以一个复杂的“柱头”，有6层楼高，包括希腊科林斯壁柱和最上方的古典主义风格的檐口与阁楼。而另一个出现在早期，有趣且具有古典主义设计细节的纽约“天柱”，就是采用钢铁框架、外覆砖石与陶板的公园街大楼（如今的公园街15号）。大楼于1899年竣工，设计师是R. H. 罗伯逊，共计29层，约合119米高。这座高挑纤细的建筑矗立在一个镶嵌着大量玻璃的墩座之上，成排的办公室的外墙上装饰着层层叠叠的巨大壁柱与附墙柱，最顶端接合着四角穹顶。公园街大楼最初有950间独立办公室，可容纳约4000名工作人员。

---

* 20世纪20年代早期，美国担保公司大楼进行了扩建。窗户由7排增加到了11排，从而破坏了壁柱柱面与凹槽间的对应关系。

进入熨斗大厦

美国担保公司大楼与公园街大楼建成后不久，也许是在1901年早期的某个时候[7]，丹尼尔·伯纳姆开始设计一座大楼。这座大楼将成为他最重要的作品，也将无比清晰地展现出伯纳姆自五六年前瑞莱斯大厦与费希尔大厦完工之后的建筑历程。乔治·A. 富勒公司曾建造了瑞莱斯大厦，如今，该公司的哈里·S. 布莱克委托伯纳姆为富勒公司设立在纽约的总部在百老汇与第五大道交会处设计了一座大楼。当时这座大楼的名字——富勒大厦，是以于1900年12月去世的公司创始人乔治·富勒的名字命名的，后来，这座大厦以熨斗大厦之名为人所知。那个时候，伯纳姆正忙于各种国家级工程，尤其是美国参议院资助的华盛顿8号改造项目[8]，所以很快便将这个工程交给了事务所的一位建筑师——弗雷德里克·P. 丁克伯格。

这是个很有趣的选择。丁克伯格认识查尔斯·阿特伍德，并通过阿特伍德见到了伯纳姆。伯纳姆在1892年或1893年时聘请丁克伯格参与芝加哥世博会的建设工作，因此丁克伯格与伯纳姆算是老相识了。也许更重要的是，丁克伯格结识阿特伍德的时候还正当盛年。作为伯纳姆公司的一名雇员，丁克伯格甚至可能参与了瑞莱斯大厦的建设工程。但即便如此，如果是丁克伯格构思出熨斗大厦的外观效果与设计细节，那么阿特伍德与瑞莱斯大厦似乎对他的设计思路无甚影响。竣工于1902年的熨斗大厦是仿古典主义的“天柱”建筑构造或豪华宫殿风格的典范。它采用22层的钢铁框架结构，但大厦以厚重的石头与陶板材质的外墙给人留下了深刻印象。大厦外观使用玻璃的面积相对较少，玻璃的尺寸、比例以及与墙体面积的关系都相对传统。而且重要的是，它符合沙利文所推崇的三层“天柱”建筑结构形式：大厦底层奠基着一个看起来相对明显的墩座，承载着15层样式大致相同的办公室楼层。大楼最顶端是一个多层结构的“阁楼”，或者说是一个用檐口冠顶的“柱头”。整座大楼的细节设计是彻头彻尾的古典主义风格。可能当时伯纳姆或丁克伯格对阿特伍德那作为建筑原型的、激进的瑞莱斯大厦所残存的一丝忠诚也消失殆尽了——在愈加烦琐的建筑法规面前，在社会大众与建筑界日益追捧的三层构架、仿古风格以及看似坚不可摧的空中立柱模型面前被瓦解了。但是，熨斗大厦所具有的一个关键特征确实与瑞莱斯大厦及费希尔大厦相似，也正是这个相似之处，使熨斗大厦与许多同时代的纽约高楼相比，大异其趣，看起来像是芝加哥嵌进纽约市的一部分。

瑞莱斯大厦立志成为一幢从人行道边拔地而起的独立式高楼，但没能完全实现。这是它给人们创造出的视觉印象，但它所处的糟糕的街角位置未能使它如愿。富勒大厦是名副其实的独立式高楼。熨斗大厦高耸入云，有着三维棱柱式、雕塑般的外形，设计者绝妙地利用了大厦占据的这片独特的三角形建筑用地。由于1811年的百老汇由南向北纵贯在城市街道网格系统上，熨斗大厦碎片状的形态就以一种威严雄伟的姿态矗立在空中。这种独立式外观是芝加哥的典范，而在纽约人们是不会这么做的。芝加哥市中心与纽约市休斯

纽约富勒大厦，现在更为人所知的名称是“熨斗大厦”，由弗雷德里克·P. 丁克伯格与丹尼尔·伯纳姆设计，于1902年竣工。熨斗大厦在结构与技术上都是顶尖的，堪称钢铁框架、古典主义设计细部与豪华宫殿风格相结合的典范。

BIKE LANE

敦街以北的地区是城市直角网格规划的经典之作。但在芝加哥，一切都不如纽约那般严格。纽约“1811年委员会计划”一丝不苟地执行着循环往复的整齐划一。每个城市街区间只有细微的大小差别，在19世纪的前75年间慢慢地建造起来了，一切安好。每个街区被划分成阶梯状的小块土地，其上褐沙石排屋与规模相仿的传统建筑雨后春笋般冒出头来。这样一来，纽约看起来或多或少地与欧洲那些传统网格状规划布局的城市一样了。但是，当摩天大楼在19世纪的最后10年里大量涌现时，事情开始发生变化，而且这种变化在之后的几年中仍在持续。可逐渐地，越来越多的人开始觉得这种变化是个错误。

起先，新兴的高层建筑只是取代了褐沙石房屋，而且高楼所提供的新鲜感与令人惊异的视觉效果使人们普遍接受并欢迎这种城市变革。但是，摩天大楼潜在的问题旋即凸显出来。一座摩天大楼的建造可能会阻碍相邻地段上另一处高楼的兴建。这公平吗？我们甚至可以问，这合法吗？显然，想要在相邻几块土地分属不同所有者的拥挤城市网格上开发高层建筑，就需要慎重处理这个问题。这不仅是为了保护土地所有者的权利，还为了保障城市居民的整体利益。正如1893年芝加哥出台的法规中明确规定的那样，尽管摩天大楼具有宝贵的商业与艺术价值，但它也可能造成影响深远的社会问题，因为摩天大楼是如此之高，高到让人感觉不适。这种大楼会成为可怕的火灾隐患，在周围的建筑物上投下阴影，还会提高所在区域的人口密度。熨斗大厦的兴建正赶上当时公众与建筑界对商业大厦的舆论风向的转变。

起初，人们激赞熨斗大厦大胆无畏的高度，其中具有代表性的是《建筑实录》杂志的反应。1902年，这本杂志扬扬得意地评论说："在（追求）建筑高度上，纽约已经做到极致了。（因为）熨斗大厦的建筑师……已成功地实现了这项艰难的伟业。这座大厦在当下可以说是纽约最声名狼藉的建筑了，人们对它的关注比对其他所有在建大楼的加在一起还要多。"

同年，《纽约论坛报》记录道："自上周脚手架拆除后，每小时都会有一个盯着大楼看的过路人，他的举动又会引来一大群人跟他一起盯着大楼看……难怪人们会驻足凝视！这座高达93.6米的大楼几乎就如船头一样锋利……这可真有的瞧。"

在这些目不转睛盯着大楼的人里面，就有H. G. 威尔斯。他在1906年出版的科幻小说集《美国的未来：寻找现实》（*The Future of America: A Search after Realities*）中坦言："我发现自己目瞪口呆地欣赏着摩天大楼，看着船头似的熨斗大厦……在午后的阳光里，在百老汇与第五大道的车流中破浪挺立。"但是，对这座大楼称赞得最简洁明了的要数建筑摄影师阿尔弗雷德·斯蒂格利茨了。他是最早为熨斗大厦拍摄出令人惊叹的照片的人，他毫不掩饰地赞美道："……它代表着新的美国。熨斗大厦之于美国，恰如帕特农神庙之于希腊。"

但是，尽管赞誉声不绝于耳，公众舆论却开始向抵制摩天大楼靠拢了。它们清一色是商业大楼，因此越来越多的人认为，摩天大楼只不过是少数人为赚钱而牺牲大多数公民利益的工具而已。亨利·詹姆斯及时捕捉到许多纽约人对此事愤世嫉俗的态度，并预测到了人们情感的演化。他在发行于1907年的《美国景象》（*The American Scene*）一书中写道："摩天大楼是经济创新的最新成果……这些庞然大物纯粹是市场的产物，睁着成千上万只木然的眼睛。"[9]

1908年，新成立的纽约人口拥挤委员会认为已经该适可而止了。刚刚完工、位于自由街与百老汇交会处的胜家大厦高达47层，约186.5米，由欧内斯特·弗拉格设计。而由拿破仑·勒布伦父子建筑设计事务所设计的大都会人寿保险大楼共有50层，高213米。在这座位于麦迪逊大道上的建筑即将竣工之际，丹尼尔·H. 伯纳姆公司恰好公布了将要坐落于百老汇的一幢62层高楼的设计图。

事实上，在胜家大厦设计完成后，一众开发商与他们聘请的建筑师已经针对纽约与日俱增的高层建筑向批评家们做出了回应。他们提出的解决方案就是，赋予纽约的摩天大楼以独特的开发形式。在芝加哥，大楼通常是在整块可用的建筑场地上拔地而起，恰如纽约一些早期的摩天大楼，例如公园街大楼。但现在在纽约，开发商与建筑师提出了一种新方案：汇聚一些原本建盖着褐沙石房屋的土地，在整块合并的地皮上建造一栋高大的楼房。这种方案通常会采用传统的建筑方式，让大楼的主立面临街，紧挨着人行道高高耸立，这就是胜家大厦的显著特征。这幢12层的高楼矗立在人行道边，在建筑的一角升起一座47层高的方形塔楼。这座塔楼只占据整幢建筑占地面积的四分之一，顶部以最别致独特的方式搭盖着圆顶。大楼的入口大厅具有浓厚的历史主义气息，装饰着立柱与穹顶。这种建筑形式与内部装潢旋即成为纽约建筑设计的样板。大都会人寿保险大楼的塔楼造型与之相仿，而且突发奇想地模仿了威尼斯圣马可广场的钟楼；位于百老汇，由卡斯·吉尔伯特设计的60层高的伍尔沃斯大厦，历经1910—1912年间分阶段的建筑工程，最终以约241米高的新哥特式尖顶的落成而正式宣告竣工。

但是，这些让纤细的高楼只占据开发土地一小部分的计划仍然不能使委员会的成员满意。他们提议修改城市的建筑规定，限制摩天大楼的高度与数量，并提倡通过“分区”将高层建筑的位置限制在某些地区，或者征收针对摩天大楼的特别土地税，这样在理论上就可以起到抑制大楼数量不断滋长的作用。[10]

委员会并未阻止丹尼尔·H. 伯纳姆公司继续在百老汇大街上建造62层的摩天大楼。他们不需要这么做，因为这只庞然巨兽自愿停止了前进的脚步。但是，为了更好地理解伯纳姆所设计的这座巨石般的建筑，我们有必要着眼于匹兹堡市史密斯菲尔德大街上的奥利弗大厦，这是伯纳姆于1908—1910年间设计建造的。尽管它相对来说中规中矩，只有25层高，但它的外墙包覆着石材与陶板，窗户也较小，并采用了方形的“天柱”构造，包括一个巨大的檐口，给人压迫感。它不仅无法与瑞莱斯大厦同日而语，也因其外形笨重，与巧妙优雅的熨斗大厦相去甚远。

但是，1913年，伯纳姆原本为百老汇大街设计的那座被腰斩的建筑出现了继任者，而且几乎同样令人望而却步。这座名为公正大楼的建筑是一栋164米高的40层大楼，建筑所占地皮仅逾4000平方米，而大楼内部各层办公室的总建筑面积达到17.2万平方米。尽管纽约公众与政界对摩天大楼的反对日益激烈，但委员会并没有叫停这个项目。后见之明告诉我们，委员会当时是在打一场不可能赢的

仗。纽约市是美国迅速扩张的金融中心，而这座城市又因其自身地理位置受限于一座多石的岛屿上，这使商业大楼的兴起成为必然。如果城市不能向两边扩张，它就只能向上延展，而且，曼哈顿岛的地质状况使向上延展相对来说更容易做到。

公正大楼遵照芝加哥独立式高楼的风格拔地而起，但其“H”形的设计多少掩饰了它庞大的身躯。因此从某些角度看，大楼似乎由两座一模一样的塔楼组成。而实际上它们之间是由横翼连接起来的。公正大楼与芝加哥的联系，也许源于塔楼的建筑师欧内斯特·G.格雷厄姆，他曾效力于芝加哥的伯纳姆－路特建筑设计事务所，在路特去世后继续供职于丹尼尔·H.伯纳姆公司，并参与了哥伦布世界博览会的设计工作。1912年，在伯纳姆去世后，格雷厄姆接管了公司，因而接手了这项委派工作。

格雷厄姆职业生涯的起点暗示着一种可能性：公正大楼的设计意味着瑞莱斯大厦模式的回归。可事实上，除了同样是高楼之外，二者并无任何共同之处。公正大楼使用了当时标准的新古典主义镶边，采用三层架构“天柱”建筑模式，还在钢铁框架外似葬礼装饰般严密包裹着科罗拉多白色大理石。

尽管直入云霄的公正大楼来势汹汹，可当它在1915年正式完工后，那贪婪的高度与投下的极具破坏力的阴影让所有人都深受其苦。这引发了纽约规划法的重大变革。欧内斯特·弗拉格已提出过自己的主张，并通过胜家大楼向众人展示，如果摩天大楼只占用建筑地

位于宾夕法尼亚州匹兹堡市的奥利弗大厦是按照丹尼尔·伯纳姆的设计建造的。大楼给人以坚实厚重的感觉，很难想象它居然是伯纳姆在人生最后几年的作品——这很奇怪，毕竟伯纳姆在创造前卫新颖的瑞莱斯大厦的过程中扮演着如此重要的角色。

皮的一小部分面积，那么它在高度上造成的影响是可以得到缓解的。如此一来，将大楼设计得高而细，就不会让周遭地区永远陷落于它的阴影之中。因此，1916年，继公正大楼之后，在弗拉格的游说下，纽约市通过了首部分区法令，其中包括限制摩天大楼体积的条例，摩天大楼的设计也因此受到了限制。该法令规定，摩天大楼的总建筑面积不得超过其占地面积的12倍。如果开发商有意使楼高超过12层的话，那么就必须如弗拉格那般，只在建筑所属地皮的一角建造大楼，或是随着楼高的增加减少建筑面积。这导致在20世纪二三十年代的纽约涌现出大量层层递减式的摩天大楼，这是属于那个时代的独特建筑轮廓。

高层建筑：大火与政治

就在公正大楼正式动工之前，一件对全美国，乃至全世界的摩天大楼的设计与使用产生了深远而持久的影响的事情发生了。1911年3月25日，位于纽约市格林尼治村华盛顿广场的10层高楼艾什大厦上部楼层失火。这是首次发生在金属框架的摩天大楼内并导致多人罹难的严重火灾。这次事件也表明，尽管为避免火灾在高层建筑中爆发与蔓延的情况出现，建筑规定不断强调建筑构造务必结实牢固，但这仍未能杜绝灾难的发生。问题的本质在于建筑规定忽视了人为因素，因此未能预见，或者说未能消减某些不负责任的高楼房东与租户以缺乏怜悯心的行为造成的影响。

1901年，艾什大厦遵照建筑标准，以钢铁框架、砖石外墙的豪华宫殿风格建造起来，只不过大厦外部所镶嵌玻璃所占比例比当时普遍应用的要高。与那个时代大多数金属与砖石结构的建筑一样，艾什大厦也遵守了不断强调的加强安全措施的建筑规定，因此被认定具有防火资质。此外，大楼巨大的窗户使它成为在当时的格林尼治村及周边地区日益繁荣发展起来的制衣业中意的厂址。纺织业使用的材料与生产流程均有火灾隐患，何况工厂还雇用了大批劳工，需要尽可能多的日光才能细致地开展工作。因此，大楼最上面的三层挤满了受雇于三角制衣工厂的工人，其中大多数是贫穷的意大利与犹太裔移民，这是一家典型的不太顾及员工人身安全与生产环境的服装公司。

可以预见的惨剧发生了。事实证明，这座建筑内部根本没达到防火标准，火灾夺去了146名制衣工人的生命。这场可怕的灾难具有教化意义，为人们敲响了警钟，因为他们极少有，甚至可能全无防火意识。易燃材料被堆放在大楼内，导致火势迅速蔓延。受害者死因不一，许多人并非直接死于火烧或吸入浓烟，而是死于过度拥挤或逃生与通风设施的匮乏，以及极不负责的工厂管理模式和由此将众人置于死地的恐慌。

火灾爆发时，大多数通往楼梯与安全出口的门都上了锁，因为管理人员要杜绝工人开小差或者顺手牵羊。那些成功逃到楼梯间的人发现，那里不仅漆黑一片，还暗含危机。楼梯上迅速挤满了不知所措、歇斯底里的员工，其中有些甚至被慌乱的人群踩踏致死。工厂主们从顶楼乘电梯逃生了，但由于火势凶猛，电梯不能再上去接更多的人出来。许多被困火海的人纵身跃入电梯井，还有一些人宁愿跳楼也不愿被活活烧死，所以，不一会儿，人行道上就尸横遍野。

那些成功到达大楼外部安全梯的人绝望地发现，在距离地面还有很大一截时梯子就到头了，没办法再往下延伸，梯子的长度与通道的深度根本不相配。而且，被困在安全梯上的人越来越多，众人推推搡搡，最终安全梯也垮了。消防员到达现场时，救援被困于大楼顶部楼层的人显得力有不逮，他们的梯子最高只能达到6楼，而大火在8楼及以上楼层熊熊燃烧着。因为楼道里密密麻麻全是人，活的死的都有，大批救援者无法快速冲到上方楼层。

艾什大厦承受住了这场火灾，如今更名为布朗大楼，部分场地被纽约大学使用。1991年，这里被列为“美国国家历史地标”。因此，从事实来看，建筑规定的确保证了大楼构造的坚固性，使它不至于突发结构性倒塌，也因此避免了许多不幸。但显然，建造一座防火的大楼并不能排除所有的火灾风险。这场教训是清楚明白的：即使高层建筑具备防火结构，但在居住或使用不当的情况下也会变成死亡陷阱，而且大楼越高就越致命。

违反既存法规是灾难发生的部分原因，例如输水胶管故障。业主均以过失犯罪被指控，随后受害者家属也据此向他们提起了诉讼。但是，另一些导致灾难爆发的原因暴露出高层建筑占用方面在立法上的漏洞，例如，官方法规并未限制每层楼的最大使用人数。在低层建筑中，过度拥挤已经是十分危险的情况，而在缺乏足够逃生通道的摩天大楼里，事实证明，其结果是灾难性的。合法建造，但没有楼梯平台，没有合理避难处，照明不足的楼梯最后成了让人绝望窒息的死亡囚牢。

这场大火同样造成了巨大的政治影响，并导致美国城市中的劳动实践与摩天大楼的占用方式产生了变化。约有10万人参加了穿越曼哈顿的受害者葬礼游行活动，使这场悲剧沾染上了相当浓重的政治色彩，并迅速被国际妇女服装工人联合会利用了起来。1900年成立的国际妇女服装工人联合会，在火灾后大众普遍对遇难者产生的同情心的推动下，迅速发展成为美国规模最大、最有影响力的工会之一。在1911年4月初召开的一次悼念逝者的集会上，社会主义工人领袖、国际妇女服装工人联合会会员罗丝·施奈德曼对公众发表了演说，可当时仍然处于群情激愤的阶段，集会很快就演变成一场政治动员会。会上，人们指认了罪魁祸首与事故元凶，其中就包括像艾什大厦这样的建筑。本身就是波兰裔的施奈德曼对听众说道，她“如果在这里畅谈深厚友谊的话，对那些葬身火海的可怜人而言，自己就是一名叛徒”。因此，她告诉听众，工会已经“考验过良善的普罗大众了，而且我们发现大家有不足之处”。她的观点是，对于这场悲剧，社会也在责难逃，因为在保护贫穷的服装厂移民工人方面，社会做得还不够，尤其是，社会还默许这些可怜人挤在“作为消防死角的大楼里，那可是一旦失火马上就会烧死人的地方”。[11]

大火后，立法经历了大刀阔斧的改革。但是，改革的重点不在于加强摩天大楼的建设与督促安装实体防火隔离带的措施，而是确保有足够的逃生设施让人们免去后顾之忧，妥善管理高层大楼的占用，保障租户安全。具体措施包括实施强制性消防演习与周期性消防督察。督察事项主要在于消防水龙带的检查，自动喷水灭火系统的安装，安全出口标识、火警警报器与安全楼梯的设计，并要确保门推开的方向均朝向大楼的紧急出口。整体而言，1911年大火直接导致摩天大楼的内部构造向更现代化、更具安全意识的方向演变。

来自东方的灵感

摩天大楼故事的下一章来自东方——来自旧世界。直到20世纪初，高层建筑的发展还仅限于北美地区。但摩天大楼起源于18世纪末欧洲的钢铁框架建筑，例如1796年，由马歇尔、贝尼昂与贝奇设计建造的英国迪特林顿亚麻加工厂，而摩天大楼的灵感则来自欧洲其他一些大规模的钢铁建筑范式。古斯塔夫·埃菲尔的巴黎铁塔有324米高，大致相当于一幢80层的高楼，无疑，它以惊人的方式展示了高度给人带来的愉悦感，并亲身示范了如何才能做到这一点。这座用熟铁配件铆合而成的铁塔，在美国，尤其是在芝加哥也广为人知，因为它是1889年巴黎世界博览会最大的建筑亮点。正是这届世博会为1893年芝加哥哥伦布纪念世博会设立了标准，而这个标准是伯纳姆一直努力想要超越的。

还有欧洲其他一些典范性建筑，例如，1851年由约瑟夫·帕克斯顿设计的伦敦水晶宫。它揭示的道理是，使用大批量生产的铸铁配件与大量新研发的平板玻璃，就可以加快施工速度、确保大楼外观美丽以及相对节约成本。纽约人深深为水晶宫所折服，以至于他们在1853年也建造了属于自己的水晶宫，并以同样的名字命名。纽约水晶宫位于如今的布莱恩特公园，靠近后来建造为纽约公共图书馆的位置。纽约水晶宫里举办过一场“万国工业博览会”，显然是受到伦敦模式的启发，其中包括伊莱沙·奥的斯安全电梯的首次公开亮相。但好景不长，这座建筑很快就毁于1858年的一场大火。它突然而迅速的陨落庄严地警醒着世人，钢铁材质、玻璃材质并不比木材与砖石更防火。

这些欧洲的典范建筑以自身表明，高度以及新材料（铸铁、熟铁还有巨型平板玻璃）的使用可以让建筑在审美与功能上达到令人满意的效果。但是，这些欧洲典范并不是有人居住的高层建筑。19世纪晚期，欧洲没有真正能与美国商用摩天大楼相提并论的存在，更别提更胜一筹的了。

然而，在20世纪的前几十年，事情发生了变化，还带着些许复仇的意味。也许是缘于第一次世界大战的恐怖，参加战斗并幸存下来的人们的观念发生了彻底的转变。他们思想的火种燃得正旺，他们认为世界必须被改变。况且，在经历过堑壕战的噩梦之后，看起来没什么困难是克服不了的——不论是行善还是为恶都是如此。因战时的惨痛经历而承受了不幸且痛苦的变化的人不只有阿道夫·希特勒，还有建筑师路德维希·密斯·凡·德·罗与沃尔特·格罗皮乌斯。一方面，希特勒推崇体积庞大的新古典主义建筑，将它作为自己极权主义的住宅风格，他培养了一个民族主义、军国主义与种族主义的政权，最终以灾难收场；另一方面，同希特勒一样，凡·德·罗与格罗皮乌斯也应征入伍，在德国军队中服役，最后却成为现代主义的奠基人。他们发展起来的建筑风格与希特勒所钟情的完全相反，他们接受了技术上的潜力，使高层建筑的设计和建造成为现代主义的重大工程之一，这些工程的目的是建立一个乌托邦式的新世界。在这个新世界里，19世纪过度拥挤的病态城市，将会变成充满光明的广阔国度。

路德维希·密斯·凡·德·罗

1921年，柏林在欧洲率先发起了一场摩天大楼设计大赛，竞技舞台是弗里德里希附近的一处河滨地区。这项计划旨在引发一场关于城市未来的讨论，同时也代表着柏林决意摆脱德国不久前战败的阴影。结果表明，这项活动很吸引人，因为参赛作品多达140件，还引发了社会大众及建筑师与艺术家群体的浓厚兴趣。

摩天大楼是城市身份、重生与对社会进步之良性本质的信仰的象征。自20世纪初以来，它就成为欧洲前卫艺术构想的一部分。彼得·贝伦斯是一名主要活动于柏林的建筑师与工业设计师，依据实用主义与技术驱动的思路进行设计工作。他痴迷于摩天大楼，并于1912年宣称："一种新建筑的萌芽，萌发于纽约的商业高层建筑之中。"[12]但是，对摩天大楼而言更重要、意义更深远的是来自意大利未来主义运动的支持。未来主义者最终逐渐形成了一种有些险恶的理想观念，其中包含对机器、战争与暴力的美化。他们认为在规模上狂妄自大、在设计上大胆强调功能性的高楼象征着技术驱动、无情重组的未来城市。为未来主义者创造出理想中的高楼的梦想家先驱是意大利人安东尼奥·桑·伊利亚，他在1912—1914年间设计了抽象的表现主义大楼。虽然他的设计灵感来源于芝加哥与纽约的摩天大楼，但是，桑·伊利亚设计的不是办公大楼，而是体现平均主义的工人公寓住宅。作为他的"新城市"计划中的一部分的这些高

1921年，路德维希·密斯·凡·德·罗为参加创意大赛而设计的"水晶塔"，位于柏林的弗里德里希。它将钢铁框架与瑞莱斯大厦配备的极简主义风格的玻璃幕墙的潜力发挥到了新水平。

楼，虽然还只是设计创意，没有被付诸现实，但这些意象的力量已经使桑·伊利亚的计划相当具有影响力了。桑·伊利亚自己倒没有建造出任何有意义的建筑，毫无疑问，其部分原因在于他在1915年加入了意大利军队，看似是决心将未来主义、军国主义的理论付诸实践，但他却于1916年阵亡。

这种对高楼的痴迷构成了柏林大赛的艺术背景的一部分。而且，以事后之见看来，它也在某种程度上解释了一件划时代的非凡设计——路德维希·密斯·凡·德·罗的作品。比赛场地大体上呈三角形，或曰晶形，这也许就是密斯“水晶塔”创意的灵感来源。建筑提案建议采用几乎纯玻璃的幕墙来包覆钢铁框架，将非玻璃的外观元素保持在绝对的最低限度，由此，这座大楼获得了具有表现主义风格的水晶般的外形，象征着纯洁与复兴。

至少在一定程度上，这一创意还受到了保罗·谢尔巴特出版于1914年的《建筑玻璃》一书的启发。这本富有争议的未来主义作品提出，“钢铁框架对玻璃建筑来说无疑是必不可少的”，“美国是……首屈一指的拥有令人印象深刻的巨大高楼的国家”。它推崇布鲁诺·陶特在德意志制造联盟科隆展览会上展出的玻璃展厅，并总结道：“这种新的玻璃环境……玻璃文化……将彻底改变全人类。”[13]密斯一定也知道另一本书，那就是布鲁诺·陶特本人于1918年出版的《高山建筑》(*Alpine Architecture*)。这本书收录了手绘的、具有强烈建筑感的晶状的山顶图片，是对“世界之宏伟博大的礼赞”。

可以想见的是，芝加哥与纽约的摩天大楼是密斯的又一灵感来源，尤其是丹尼尔·伯纳姆公司那三角形的熨斗大厦，在这之中可能起到了决定性的作用。非常偶然地，1920年6月30日在柏林第一届达达主义国际展览会开幕式上拍摄的一张照片成为支持这一论点的证据。在这张照片上，哗众取宠的达达主义表演艺术家约翰内斯·巴德尔将密斯的注意力引向了1920年6月17日《新青年》（*Neue-Jugend*）杂志的封面，上面刊登着熨斗大厦的一张特写。[14]特伦斯·赖利与巴里·伯格多尔说，熨斗大厦“有着棱镜般的外形与素净的石质表面”，是一具“英勇的庞然大物”。因为它“为未来超大规模的城市建立了……秩序，而且是这座城市里的第一幢建筑”。这似乎激发了密斯的想象力，他幻想自己的透明玻璃高楼也“创造出一座高楼林立的未来新城”。[15]

尤其令密斯受到触动的是处于施工过程中的摩天大楼的照片。对此，他在1922年时解释说，在这张照片中“大胆的建筑观点”展露无遗，而且“高高耸立的钢铁框架给人留下压倒性的印象”。他还强调，“这些大楼新奇前卫的建筑原则”，只有“将玻璃用于不再具有承重功能的外墙时才清晰可见”。[16]至少有一位评论家将密斯1921年设计的玻璃钢铁大楼项目与瑞莱斯大厦联系了起来。希格弗莱德·吉迪恩，这位现代主义的早期支持者，也是现代主义运动智囊团“国际现代建筑协会”的第一任秘书长，在他发表于1941年的颇具争议的著作《空间，时间，建筑》（*Space, Time and Architecture*）中观察到，独具新意的密斯大楼“出现在瑞莱斯大厦之后”，而且暗示芝加哥的大楼并不仅仅“激发了想象”，还“预示了建筑学的未来走向”。[17]

密斯的水晶塔在极简主义风格的展现与玻璃外墙的运用上都是

史无前例的。1921年，它的建筑结构设计悬浮在可行的边缘[18]，但这无关紧要，因为这只是参赛作品，不需要考虑施工的问题。这个设计有着神秘、飘逸的特质，主要作为一幅引人注目的“摄影蒙太奇”——这是一种因达达主义运动而兴起的，几乎有些超现实的表现手法——作品而存在。[19]尽管如此，密斯的设计也足以在关于摩天大楼应有的样子的辩论中起到决定性的作用。更确切地说，对一些为此惊叹不已的评论家而言，这个设计证明密斯“创造了一种新型建筑”，而且这栋水晶塔“指出了现代摩天大楼的前进方向，为20世纪世界范围内的城市本质下了定义”。[20]

沃尔特·格罗皮乌斯与玻璃幕墙

当人们津津乐道于密斯那具有划时代意义的惊人之作时，他之前的一位同事也为关于未来城市与高层建筑设计的辩论做出了杰出贡献。1911年年初，密斯入职痴迷于摩天大楼的建筑师彼得·贝伦斯位于柏林的设计事务所。1908年，贝伦斯给他设计的由砖石、钢铁打造的德国柏林通用电气公司的透平机工厂添上了一面壮观的玻璃幕墙。同样供职于这家事务所的还有勒·柯布西耶，他于1910年年末在那里工作了四个月，彼时，1908年加入事务所的沃尔特才刚刚离开。贝伦斯的设计理念致力于实用、结构逻辑合理、建筑全要素的整合以及技术的利用，他是这些在接下来数十年间为现代主义建筑做出巨大贡献的人从事设计时的重要灵感来源。他们用大量堪称典范的作品为现代主义建筑提供了一种理论，一种哲学思想，一种将其赋形于建筑目标的方式。

对这三个人而言，1921年是一个重要的年份。密斯用实力表明自己是推动玻璃幕墙摩天大楼发展的先驱。沃尔特·格罗皮乌斯在这两年间已成为包豪斯建筑学派的建筑设计大师，而学院自身也在不懈追寻包罗万象的社会与艺术使命的过程中不断发展壮大。处在创作巅峰时期的格罗皮乌斯，正准备为包豪斯设计学院设计一座大楼，它是这位设计师经过数年建筑反思与实践之后创造的不朽杰作。这座影响深远的建筑设计灵感来源于格罗皮乌斯之前设计的一座3层楼高的厂房。1911年，在战争对世界造成创伤之前，格罗皮乌斯设计了位于德国阿尔费尔德的法古斯鞋楦厂，在许多方面它都具有里程碑式的意义。这座大楼显然是受到了贝伦斯设计的那座德国通用电气公司透平机工厂的启发。据历史学家尼古劳斯·佩夫斯纳说，这是“史上第一次”包括了“一个完整的由玻璃构成的……建筑立面”。他还指出，“由于使用了大片大片的透明玻璃，通常设立在建筑内外部之间的生硬的分隔区被消灭了”。[21]

对美国评论家亨利－鲁塞尔·希契科克而言，这家工厂是“战前建造的最现代化的建筑”。现代主义历史学家希格弗莱德·吉迪恩也为它高唱赞歌。吉迪恩特别敬佩建筑内部的玻璃墙，因其为“办公室添加了一个简洁而……富有人性的注脚”。他同样称赞了格罗皮乌斯于1914年设计的两层楼的模范工厂与行政大楼，这是亮相于科隆制造联盟展览会上的建筑。吉迪恩特别欣赏的是它的玻璃立面，设计简洁、照明良好的建筑内部以及全玻璃的封闭式螺旋楼梯——看起来“就像是流动的东西被抓住后，在空中停滞不动了”。[22]

佩夫斯纳与吉迪恩同时注意到了这种透明、开放且灵活的设计风格，以及建筑内外部空间之间的模糊性——这些都成了20世纪后期玻璃幕墙建筑的关键细节，尤其在凡·德·罗设计的摩天大楼上得到了体现。1924年，荷兰的格里特·里特维尔德在设计位于乌特勒支的里特维尔德－施罗德住宅时，延伸探索了法古斯工厂在空间规划上的一些设计构想，但是，将工厂建筑的设计水准带上一个新台阶的正是格罗皮乌斯本人。1925年，他为包豪斯设计学院设计了位于德绍的4层楼高的新校舍。*

这座建筑的设计遵循极简主义，采用了完全的功能主义风格，讲究重逻辑、开放式的平面布局。格罗皮乌斯为德绍包豪斯校舍设计了一面完整的玻璃立面，其本质是一面装饰极简的幕墙，与承重的混凝土框架相连，但又微微外倾。当时，对格罗皮乌斯来说，建筑立面仅仅是“简单的幕布……伸展在框架立柱之间，是挡雨、御寒、防噪的屏风而已”[23]。使用了大量玻璃的包豪斯大楼很快就有了追随者——位于巴黎的独特的“玻璃之家”。它诞生于1928年，是皮埃尔·夏洛与伯纳德·毕育特携手为世界献上的一曲赞歌。它歌唱着当代技术、建筑材料与设计上的灵活规划，盛赞了以大块玻璃完全包覆大楼主立面的建筑特色。

勒·柯布西耶

1921年，也是勒·柯布西耶即将享誉世界的一年。身为一个瑞士人，他没有身负在第一次世界大战中服兵役的义务，因此可以理

---

* 吉迪恩恰当地指出，法古斯工厂是德绍包豪斯校舍建筑的先驱。

解他缘何选择避免参加那场血腥的屠杀。取而代之的是，他投身于建筑方面的研究与理论学习，开展了一些教学工作，接手了几个规模不大的建筑委派任务。直到1922年，继密斯横空出世的水晶塔之后，柯布西耶公布了他的“当代城市”计划，引起了社会大众与专业人士的关注。1921年，密斯设计了一幢配备完整玻璃幕墙的摩天大楼；而在“当代城市”计划中，勒·柯布西耶构想了一片有着24幢60层高楼的建筑群。柯布西耶将建筑场地选在了公共绿地上，这些钢铁框架建筑采用十字形平面，按照密斯的范式，每幢高楼都包裹在玻璃幕墙之中。勒·柯布西耶早在1919年就尝试设计了十字形摩天大楼，后来这些带有试验意味的建筑被称为“笛卡尔式摩天大楼”。这种大楼又高又宽，其构造也能确保自然光可以照进建筑的内部空间。

“当代城市”以不同功能为标准进行了区域的划分。在这里，汽车被尊为潜在的、可以提高人们生活质量的实用工具。“当代城市”计划容纳300万人，而其中大部分将被安置在大面积的住宅用摩天大楼内。这些具备大量玻璃外墙的摩天大楼也许并不是勒·柯布西耶“当代城市”计划中的主角，因为大多数柯布西耶早期所做的建筑研究与实践主要是围绕钢筋混凝土结构的低层建筑而展开的，例如他于1922年大规模生产的“雪铁龙住宅”。在这个系列的作品中，首次出现了其后作为柯布西耶创作主旋律的设计元素——底层架空柱，或者被称为混凝土柱。事实证明，密斯那座水晶塔的意象不停地闪着微光，让人难以抗拒。

自1930年起，密斯与勒·柯布西耶就以惊人的方式分别开展着自己的设计工作。芝加哥与纽约的建筑，尤其是摩天大楼对他们产生了重大的影响。由于纳粹势力的崛起，密斯的建筑事业与个人生活陷入一片混乱与骚动之中。1938年，他终于离开德国，前往美国。他做出这个决定花了很长的时间：他是包豪斯设计学院的最后一任校长，直到那里于1933年被法西斯分子关闭；他受到盖世太保的“刑事调查”，委派工作也因此枯竭。那时，格罗皮乌斯也同样处于与日俱增的压力之下。他在1934年逃到了英格兰，又于1937年逃往美国。但是，密斯坚持了下来。事实上，他甚至试图向纳粹政权妥协。1934年8月，他同意在一份在全民公投前不久流传开来的主张支持希特勒的“宣言”上签名。这次公投是纳粹政权组织起来以将自己非法夺权的行为合法化的把戏。*最终，密斯清醒地认识到他的事业在他的祖国再无未来可言，所以他选择了离开，完全抛弃了他的家庭，还有与他相恋多年的爱人莉莉·瑞希。

抵达美国后不久，密斯就被任命为芝加哥阿尔莫理工学院（1940年更名为伊利诺伊理工学院）的建筑系主任。这项任命使密斯有机会与包括具有大量玻璃墙体的瑞莱斯大厦在内的芝加哥创意摩天大楼密切接触。与此同时，沃尔特·格罗皮乌斯则于1938年成为哈佛大学建筑研究院的院长。他与密斯无甚联系，而且与密斯不同，格罗皮乌斯更乐于专注于教学工作以及从事室内或乌托邦式的建筑设计内容，拒绝较大型的商业委派工作。

勒·柯布西耶拓展了他的“当代城市”计划，并于1930年将它

---

* 这一举动也许是迫于纳粹不断的威胁而做出的，但它在密斯的晚年时刻困扰着他。

以“光辉城市”的形式发布。这一修正之后的计划展望了一座旨在提供具有人文情怀家居住宅环境的城市。它开放包容，秩序井然。城市规划大致模仿了抽象的人体形式，根据不同的用途严格进行分区，相互隔离。摩天大楼与高层住宅街区在苏联早期集体住宅启发下再度扮演了关键角色。柯布西耶也游历了美国，周游高层建筑林立的城市，并于1935年抵达了纽约。这座城市一直让他魂牵梦萦，他似乎被纽约那些诸如建造于1915年的40层高的公正大楼之类的巨人给迷住了。柯布西耶显然很欣赏公正大楼，尽管它点缀着新古典主义的装饰，还用大理石裹覆着钢铁框架。在发表于1923年的著作《走向新建筑》（*Vers une Architecture*）的“建筑还是革命”一章中，柯布西耶带着对公正大楼明显的赞赏解释了这一点。他还观察到，世界正处于一个“关键时期……一场道德危机”，不过“事情已经发生了变化，而且是好的变化”。[24]

然而，勒·柯布西耶发现纽约是座会令人深感不安的城市。1924年，在《明日之城市》（*City of Tomorrow*）一书中，远在法国的柯布西耶谴责了纽约的街道峡谷——这是由在人行道边缘拔地而起的摩天大楼混乱无序地发展，肆意挤作一团形成的。对他而言，这个地方意味着“十足的混乱、动荡与骚乱”。至于美，在勒·柯布西耶看来，“一点儿也不”存在，因为美“以秩序为基础”。[25]纽约之旅过后，他深深地被这座城市的活力与轮廓打动了，称之为“幻

下页图

由勒·柯布西耶设计，建于1947—1952年间的法国马赛组合住宅公寓。它为城市生活提供了一个乌托邦式的梦想，在钢筋混凝土的材质与未经修饰的粗犷外观中得以实现。

境般的灾难”。对勒·柯布西耶来说，高楼林立的城市不必如纽约那般成为阴影与噪声、奢华与赤贫形成鲜明对比的所在。这些弊端可以避免。比如增加大楼高度，这样在满足高密度人口需求的同时，每幢大楼周围就有足够的空间留给大片大片的公共绿地了，这正是“光辉城市”所推崇的理念。《明日之城市》涵盖了勒·柯布西耶的“伏埃森”规划，这个针对巴黎中心区域的改建设计方案要将城市改造成一个高楼沿公共绿地拔地而起、大厦严格遵照城市网格规划建造的地方。在书中，柯布西耶附上了一张熨斗大厦的照片，它矗立在繁忙的百老汇与第五大道交会处，紧邻周边的高层建筑街区。照片标题是“……巴黎‘伏埃森’规划的对立面”。[26]

1933年，勒·柯布西耶在“光辉城市”中提出了许多关于城市与建筑方面的理论，均得到了现代主义团体的支持。这些内容被编写进了由国际现代建筑协会起草的《雅典宪章》(*Charter of Athens*)，以法典的形式留存下来。国际现代建筑协会在当时是一个相当具有影响力的团体，在很大程度上影响了之后整整一代的建筑师与城市规划者。因此，摩天住宅楼成了城市建筑的常态，而且不管怎样，它都有助于描绘战后欧洲被毁城市的重建形式的重要特征。但是，正如密斯与格罗皮乌斯所遭遇的那般，战争本身也把勒·柯布西耶的事业搞得一团糟，尽管在不经意间这也为他的理论得以实践创造了一些机遇（至少在最初，柯布西耶的规划盛极一时）。20世纪40年代初，在轴心国及其附庸国正如日中天、战无不胜的时候，勒·柯布西耶游说了意大利法西斯独裁者贝尼托·墨索里尼及法国傀儡政权维希政府，让他们接受自己提出的新城市规划理论。

勒·柯布西耶当然知道，说服德国当权派是徒劳无功的尝试，因为希特勒对浮夸、严肃、机械论的新古典主义的偏爱已经根深蒂固。但是，意大利的法西斯分子至少在早期是推崇理性主义中的现代主义风格的。[27]

战争结束后，密斯与勒·柯布西耶事业上真正的关键期才算刚刚开始。事实证明，他们都是令人惊艳的战争幸存者。他们张开双臂接受了高层建筑，尽管他们对于建筑的表现手法迥然不同。

密斯在执教于伊利诺伊理工学院期间成为如今的“第二芝加哥学派”的领军人。这个学派所奉行的原则正是形成于之前30余年间的现代主义的基本信条：大楼应依场地与用途而建，建造过程要发挥创新性施工技术的潜能，新技术应以理性且极简的风格忠实呈现出功能主义特征与建筑的实用性。这些信条也包含着一种信念，即大楼应该在设计上体现出高度的灵活性，允许建筑在用途上发生变化，并有助于大楼的维修、升级与改造。此外，条件允许时，要利用机械化生产，预先制造相同的部件，这是既出于艺术方面也基于经济条件的考量。密斯已经在他的水晶塔设计中探讨了这些信条的部分内容。在某种程度上，水晶塔计划本身就植根于第一代芝加哥学派，尤其受瑞莱斯大厦与熨斗大厦的影响颇深。

在战后的欧洲，勒·柯布西耶开始追求的建筑方向偏离了拥有钢铁框架与玻璃幕墙的摩天大楼原型。基于艺术与经济的原因，他仍然钟情于采用现浇钢筋混凝土的建筑方式。这种处理方式通常十分“粗暴”，会在适当的位置留下木模板的印迹，有时甚至还会进行夸张处理，使表面获得一种粗犷的质感。这种粗混凝土，或者说是看似坚硬的混凝土浇筑面会使人想起实用主义的工业大楼与军事防御工事：它们都有一种粗犷刚毅之美，这似乎就是建筑材料与施工方式的直接体现。这种风格迅速吸引来一群追随者，他们带着教徒般的狂热，将其发展为后来被称为“野兽派”的建筑风格。勒·柯布西耶用粗混凝土建造技术开发出了混合用途的高层板式住宅，成为“光辉城市”的主要特征，创造出足以自我维持的住宅社区。这些板式建筑包括作为走廊的“内部街道”，甚至还有大型购物中心。其中最杰出的典范要数板状的马赛组合住宅公寓了。建于1947—1952年间的马赛公寓有18层高，最下方由长圆形、上粗下细的架空柱支撑。公寓内具备20多种居住单元，其中许多属于相互错层咬合的跃层，可容纳1800名住户。公寓内置多家沿内部走廊开设的商店与咖啡馆，还有一间诊所。此外，马赛公寓还模仿苏联集体住宅区的样式，例如莫伊谢伊·金兹伯格在1928年建造的莫斯科纳康芬公寓，在屋顶修建了托儿所，甚至还在公寓里运营着一些包括跑道在内的健身运动设施。

密斯·凡·德·罗与高层建筑幕墙

当勒·柯布西耶还在法国南部尽力争取将自己具有前瞻性的建筑变为现实的机会时，密斯已经在芝加哥建起了一座摩天大楼，而且这显然是深受瑞莱斯大厦影响的产物。这其中的相关性有多大我们不得而知，密斯从未公开承认过这种直接的借鉴，但它无疑是非常显眼的。初次展现出密斯建筑愿景的作品是湖滨大道860—880号公寓大楼。事实上，这两座建造于1949—1951年间的高达26层的公寓大楼与马赛公寓是在同一时期施工的。

这两项工程彰显了同一愿景中完美互补的两方面。马赛公寓是巨大的混凝土建筑，有许多可直接参考的建筑先例（例如，窗户四周的彩色凹陷让人想起北非当地建筑），它抽象的装饰物具有象征意义（尤其是柯布西耶以人体各部分尺寸为基础创造而出的“模数”系统被运用于住宅建构中，以混凝土浇筑的形式在建筑一楼表现出来）——马赛公寓很高，而且又细又长。

密斯在芝加哥建造的湖滨大道公寓采用钢铁框架结构，极简主义的全玻璃幕墙使它们的外观看上去并没有显眼的装饰，也没有对传统建筑直接进行借鉴，但作为独立雕塑般的建筑，这两幢公寓大楼矗立在密歇根湖畔，享受着绝伦美景与清新空气，实现了勒·柯布西耶在“当代城市”计划中的理想规则之一。同样，密斯与勒·柯布西耶思想一致的地方还体现在建筑周边暴露的立柱上。密斯在两幢公寓中对立柱的运用让人想起希腊神庙中的柱廊，赋予了两幢高楼奇特又含蓄的历史感，而且看上去还与勒·柯布西耶的马赛公寓底层的架空柱遥相呼应。

密斯的这两座公寓大楼使人着迷，它们不仅展示了支撑瑞莱斯大厦设计、建造的一些观点的演变历程，还是密斯长期以来笃信的建筑理论的实体呈现。1921年，密斯在水晶塔方案中构想出了一座有着玻璃外墙的钢铁框架摩天大楼。1933年，他阐述了这一理论，解释了这种大楼所具有的潜力：“玻璃幕墙本身赋予了建筑框架结构以清晰明确的外观，而且能使它在建筑学上的各种可能性成为现实。”密斯宣称，这些是“货真价实的建筑元素，它们会带来一种更

新颖、更丰富的建筑艺术”。[28]虽然密斯并未明言，但毋庸置疑的事实是：格罗皮乌斯在“一战”前夕以及战中所设计建造的具备玻璃幕墙的大楼对密斯本人产生了极大的影响。格罗皮乌斯建造的是低层建筑，但从建筑学及美学的角度来看，他所设计并应用的玻璃幕墙在这一建筑元素的发展历史上堪称开路先锋。

鉴于密斯享有的高度评价，湖滨大道公寓大楼立面上覆盖着的大面积玻璃幕墙就显得格外有趣。从理论上说，幕墙是挂在大楼结构框架之外的表皮，基本独立于建筑主体，而且从结构角度讲，除了承受自重以外这层表皮并没有什么其他的作用。瑞莱斯大厦那由玻璃、钢铁、木材与陶板构成的幕墙在很大程度上实现了这一目标，并且以其自身的建材与施工方式忠实呈现出它所具备的建筑之美。在湖滨大道公寓大楼的幕墙设计中，密斯已经从纯功能主义上升到哲学领域，探讨了如何能更好地呈现出真实的存在这个问题。人们只需凝视它片刻就不难发现，密斯的幕墙不仅体现出建筑表面的玻璃引人注目的巨大面积，还展现了以“I”字形钢制竖框分割玻璃的装饰手法。这些细节使整个立面焕发生机，就像哥特式的拱棱，也像是一种近乎夸张的巴洛克式风格。阳光普照时，立面投下长长的影子，这些装饰细节因倾斜的光线而有了立体感，有了它们的装点，平齐的玻璃立面也能免于平庸。

严格来说，这些钢铁竖框具有功能上的必要性吗？在设计功能优良、具有情感冲击性的建筑时，密斯以“少即是多”这一主张而

芝加哥湖滨大道860-880号公寓大楼是两幢具有划时代意义的玻璃幕墙住宅大楼，由路德维希·密斯·凡·德·罗设计，建于1949—1951年间。

著名——这个说法似乎是从19世纪中期的英国诗人罗伯特·布朗宁那里撷取的。[29]但从事实上看，尽管这些钢铁竖框传达了一定的视觉信息与建筑语言，但它们在整体结构上仍无足轻重，甚至有些多余。如果以一种更简洁的方式设计这些竖框，也可以达到同样的效果。在1960年的一次采访中，密斯解释说，当“以最佳方式诠释并表现”一座建筑的结构时，它就是“合乎逻辑的”。[30]因此，设计这些钢铁竖框的主要目的并不是对结构或实际需要进行反馈，而是为了回应更重要的、凌驾于纯粹功能之上的真实性的召唤，它们代表着一种艺术上的真理。

彼得·卡特自1957年起就在伊利诺伊理工学院跟随密斯学习，毕业后进入密斯的事务所工作，直至1971年。1974年，卡特在自己出版的《密斯·凡·德·罗及其作品》(*Mies van der Rohe and His Work*)一书中，详细阐述了密斯关于幕墙的设计思路的演变历程。他说，密斯此举并不让人感到意外。“I”字形的钢铁竖框看起来十分引人注目，也许还有些让人疑惑不解，尤其因为这可以被视为建筑结构设计上的倒退。早在1922年，密斯就明确表示，只有当玻璃外墙不再是“承重”结构时，钢铁框架建筑才能完全发挥在艺术性与功能方面的潜力。但是在某种程度上，密斯将湖滨大道公寓大楼的幕墙“表皮”与建筑主体结构设计成一个整体，从本质上讲，这面幕墙被包含在大楼主体结构框架之内，而非独立于它存在。

卡特以局内人的视角，试图解释这一或许有些惊人的变动，并尝试调和建筑的视觉形象与其中隐含的“实情”。他指出，公寓大楼立面的玻璃被嵌进结构框架的各部分之间，而非镶附于各部分的表面之上。在这个过程中，结构框架与玻璃外墙在结构上合而为一。“在建造单一的建筑表述的过程中，每个建筑元素都失去了其特定身份的一部分。”[31]因此，幕墙与结构框架的融合是为了在建筑上实现更好的统一，而竖框，虽然它们只不过是一些钢条，在这份“表述”中却起到了关键作用，因为它们被伪装成了建筑的结构框架，还被渲染上了惊人的极简主义的优雅风格。

作为伪装的一部分，这些钢铁竖框实际上是与建筑主体结构框架连接在一起的。如此一来，公寓大楼的玻璃表皮并不独立于承重结构之外，而这一设计与密斯在1921年提出的具有前瞻性的理论截然相反。至少部分上，这一变动是出于建筑规范的要求，即真正的钢铁框架要处于防火材料保护之下，因此部分钢铁框架被遮掩住了。从实用层面上讲，钢铁竖框不仅遮蔽了构成窗户的玻璃“组件”的接合处，还标记出了建筑主体框架结构纵向构件的位置。[32]

以堪称戏法的手法，而且是以一种既聪明又实际的方式，密斯成功中和了两种源自19世纪90年代的看似互相矛盾的关于幕墙的观点。一方认为，幕墙应独立于主体结构，不再具有主要的结构功能，只需承受自重即可。如此一来，正如瑞莱斯大厦那样，幕墙就是一层轻型且镶有大量玻璃的建筑立面外皮。而另一方则认为，幕墙不仅应该实际上结实稳固，看上去也应该坚固牢靠、让人放心。正如我们所见，在瑞莱斯大厦完工之后，第二种观点日益流行，从而危及了前者的美好愿景。湖滨大道公寓大楼几乎整个立面全是玻璃幕墙，但是在视觉上被一列列不具有结构必要性的钢铁竖框加固了。密斯通过这种设计上的技巧，做到了鱼与熊掌兼得。

西格拉姆大厦

数年后，在纽约，密斯将湖滨大道公寓大楼所包含的建筑理念加以发展，使其在建筑上的优雅性达到了新的高度。设计并建造于1954—1958年间的西格拉姆大厦高达38层，坐落于公园大道上，是一幢时髦的玻璃办公大楼。正如勒·柯布西耶在“光明城市”中所推崇的那样，这是一幢看似独立的建筑。但它并非被置于公共绿地之上，而是占据了与公园大道相隔不远的广场边缘。相对来说，这个广场虽然不大，却附有多个矩形水池，且一直延伸至大厦一楼内部，因此，密斯以这种格罗皮乌斯式的手法消解了大楼内外部的边界，西格拉姆大厦才得以如庄严的雕塑般高高耸立于天地之间，享受并融入这片亮丽的城市景观。项目完成后，广场与大厦的关系尤为引人注目。1977年，时任现代艺术博物馆密斯档案馆馆长的路德维希·格莱泽观察到，“密斯·凡·德·罗设计的西格拉姆广场在布局方面史无前例”。而菲利斯·兰伯特，一位对西格拉姆大厦的建造举足轻重的人物，则将西格拉姆广场比作大教堂的前厅。[33]

“I”字形钢铁竖框再次得到了应用，而且与湖滨大道公寓大楼上的钢铁竖框一样，它们在建筑结构上也起到了欺骗作用。密斯无疑更倾向于忠实呈现大楼的钢铁框架，使大楼的结构成为整栋建筑中最大的装饰物，但建筑规范再次从中作梗。在芝加哥，建筑规范规定钢铁结构外要包覆诸如混凝土之类的防火保护层，理由是钢铁结构在处于高温条件下的密闭空间内会发生倒塌，因此，西格拉姆大厦真正的结构框架就被包裹起来了。正如湖滨大道公寓大楼那般，密斯也采用了非结构性的“I”字形钢铁竖框（这一次用的是青铜色的），在视觉上展现出大楼的整体结构。与芝加哥的高楼相比，密斯这次对细长竖框的处理更加巧妙，大厦的结构框架得到凸显，看起来比实际上的更简洁。乍看之下，西拉格姆大厦是由一系列极细的立柱组成，事实当然并非如此，但对许多人而言，这个视觉上的把戏很奏效。

西拉格姆大厦与芝加哥的大楼在建筑外观上具有差异，是由于玻璃幕墙自身的演变。事实上，自从湖滨大道公寓大楼建成之后，玻璃幕墙就经历了突飞猛进的发展，其中大部分都发生在纽约。首先是建成于1952年，状似石板的39层高的联合国秘书处大楼，它是联合国位于曼哈顿飞地的重要组成部分。1947年，首席建筑师华莱士·K. 哈里森耶构想并设计了这块飞地，而奥斯卡·尼迈耶与勒·柯布西耶时任他的顾问。关于飞地诞生的故事曲折复杂，尤其是因为当时尼迈耶，这位于1956年担任巴西利亚新城建设总设计师的著名建筑师的设计思路受到了勒·柯布西耶城市规划与建筑思想的启发。况且，在这个项目上，尼迈耶因规划方式与设计方案同勒·柯布西耶产生了重大分歧。

为了掌握主动权，勒·柯布西耶早早地提出了自己为整个场地设计的综合性方案，他还鼓动尼迈耶做自己的助手而非对头。哈里森成功说服尼迈耶坚持自己的主张，以至于最终柯布西耶与尼迈耶二人不同的设计被合二为一，形成了现有的建筑群。包办婚姻鲜有幸福结局。勒·柯布西耶心中多少有些愤愤不平，因为迈尼耶的场地设计方案最终取代了他的设计。但是，基本遵照迈尼耶设计的秘

02
OCS

书处大楼最终成为现代主义建筑设计的一堂实物课。这是纽约第一座全玻璃幕墙覆盖的高层建筑，它的外观比密斯在芝加哥设计的大楼还要时髦新潮。同样竣工于1952年的还有位于公园大道的利华大厦。这是由SOM建筑设计事务所的格尔顿·本夏夫特设计的24层办公大楼。它的外形在当时相当具有影响力，一栋办公楼从稍宽的、两层楼高的裙房基座上升起，最下端以立柱支撑。利华大厦有自己的配套广场、花园，还有宽敞的前台与公共空间。建筑的幕墙采用极简风格，引人注目的绿蓝色隔热玻璃镶嵌在不锈钢竖框与拱肩之中。这与联合国秘书处大楼的风格类似，为两座大楼施工的是同一批承包商。

幕墙设计风尚的转变明显刺激了密斯和他的设计团队，他们从容应对了挑战。与密斯在西格拉姆大厦项目上亲密合作的伙伴是大厦委托人的女儿菲利斯·兰伯特与建筑师菲利普·约翰逊。兰伯特帮助密斯获得了这项委派工作，最终自己也成了项目的规划总监。作为密斯在西格拉姆大厦项目上的搭档，约翰逊主要负责大楼的室内设计。但在1955—1957年间，约翰逊是西格拉姆大厦的设计方案在法律上唯一的作者，因为美国建筑师协会纽约分会以一种奇怪而狭隘的方式，“以密斯没有大学文凭为由，拒不授予他建筑师执业资格”[34]。

西格拉姆大厦的幕墙部分是以悬臂方式建造的，钢铁结构框架外包覆着防火的混凝土，“I”字形钢铁竖框标记出悬梁臂与玻璃窗之间的接合处。[35]湖滨大道公寓大楼的建造过程中还没有使用过这种

1958年完工，由路德维希·密斯·凡·德·罗设计的纽约西格拉姆大厦。60年前，瑞莱斯大厦在芝加哥开启了高层建筑的冒险之旅，而西格拉姆大厦为这趟旅程诠释出了最终的完美结局。

悬臂原理，但密斯在1953—1956年建造的芝加哥湖滨大道公寓大楼的设计中已经对它进行了尝试性的探索，保证“建筑表皮从本质上与结构框架相分离”，确保表皮包裹在建筑周围，不具备重要的结构功能，从而达到几乎完全采用玻璃材质的目的。[36]兰伯特解释道，在艺术层面上，这意味着大楼可以“被当作一个整体、一个巨大的单元”。有色玻璃的使用有助于“确保达到这种效果”。[37]引入有色玻璃这一举措意义非凡，因为它在很大程度上决定了大楼的外观乃至个性。有色玻璃可能也带有一些邪恶的意味，暗示着发生在这座建筑内的商界活动隐藏着不可告人的秘密，但是，它也丰富了大楼的表现形式：在某些情况下，它看起来是透明的；有时，它像是被嵌入深色青铜边框内的庞然大物；还有些时候，它像棱镜般反射着周边世界的各种景象；而到了夜晚，它又泛起温暖、柔和的光。

但是，西格拉姆大厦因此存在于表面的矛盾之处仍然使人感到困惑不解，甚至火冒三丈。争议的焦点依然是建筑的“真实性”，而且，大厦的墙体建造看似与密斯宣誓效忠的结构逻辑背道而驰。最终可以确定的事实是什么呢？难道西格拉姆大厦所表达出的结构内暗含的真实其实是一种伪装，是一场类似于巴洛克戏剧表演的演出作品吗？在对这一问题的讨论中，让－路易·科恩所提出的观点比较具有代表性：“‘I’字形的钢铁框架……不再与（钢铁）角柱平齐，而角柱本身外覆着一层混凝土与一层金属涂层……不再对结构上的‘真实性’进行任何伪饰，并且将处理建筑主立面的手法应用于大楼上部的功能性层面，即使用混凝土进行填充。”[38]

但对一些人来说，西格拉姆大厦的这种错综复杂与自相矛盾正是最伟大之处。因为这是密斯用切实可行、求真务实、充满诗意的方式去实现他的功能主义建筑愿景的成果。1999年，《纽约时报》（*New York Times*）知名建筑评论家赫伯特·马斯卡姆宣称，西格拉姆大厦是“这个千年里最重要的建筑物”。他还指出，“文明之要义在于求同存异，在于团结对立双方”。他暗示道，“密斯以一种现代史上无人能及的宁静淡泊，在此呈现出了这一目标”。[39]

除幕墙外，西格拉姆大厦还面临着其他结构与艺术上的挑战，这些问题正是60年前路特与阿特伍德在芝加哥就遇到过的。正如瑞莱斯大厦一样，西格拉姆大厦的钢铁结构需要加固，以对抗侧向移动，具体实现途径就是建造混凝土地板，增加建筑重量，同时通过配备电梯以及设立包含钢铁结构斜撑的建筑服务核心，加固大楼结构。在创造一个简洁、灵活的内部空间方面，服务核心同样发挥了作用，因为在电梯与各种服务设施均集中在大楼中央时，楼层就可以被设计为开放式，或者按照需求被轻量型隔断分隔成不同的区域。

这种大楼平面设计上的灵活性与适应性，与一条为密斯所珍视的现代主义信条有关。真正能实现功能主义目标的建筑必须具备机器般的可修复性，如果可能的话，还要具备更新能力，否则这些大楼就会像多余的机器一样，被毫不留情地抛弃处理掉。延长大楼寿命，确保其能长期提供使用价值的最佳方式，不仅是把楼建好，还要保证其形式上的灵活性、实用性与适用性。唯有如此，建筑方得存续。这意味着，密斯不见得完全同意现代主义的信条——1896年由路易斯·沙利文以预言的方式提出的“形式永远追随功能”，这一表述过于简化了。正如彼得·卡特所解释的那样，密斯“相信功能上的要求也许会适时改变，但形式一旦严格确立下来是不能轻易变化的”。在实践中，这意味着密斯选择的结构体系适用于广阔而非狭窄或具体的需求范围，才能“实现灵活性，为将来的改变留有余地”。[40]密斯思想中的睿智之处无疑得到了证实，因为西格拉姆大厦留存了下来。尽管大厦所有权几经易手，而且在某种程度上它的功能也发生了改变，但这座建筑物的形式却未经更改。

瑞莱斯大厦之魂重返芝加哥

利华大厦与西格拉姆大厦建成后，钢铁框架与玻璃幕墙的组合成了全世界各大城市商业建筑的标准范式，它常常在一些不适合的场地上以一种打了折扣、考虑欠妥的方式重复出现，贬损了这种建筑模式应有的价值。最让人扼腕的是，曾经象征着艺术进步、包覆着时髦玻璃幕墙的摩天大楼，如今却代表着公司企业的贪得无厌以及对自然环境的肆意破坏。当然，就可持续性而言，玻璃幕墙确实是个挑战，因为从本质上讲，配备玻璃幕墙的建筑内部冬冷夏热，导致环境控制系统成本高昂。但是在芝加哥，这种建筑形式发展迅猛，在建筑设计方面锐意创新，似乎对高度有着永无止境的追求。约翰·汉考克中心竣工于1969年，高度为343.7米，是当时除纽约外世界范围内最高的大楼。为达到这一高度，SOM建筑设计事务所的布鲁斯·格雷厄姆与结构工程师法兹勒·拉赫曼·汗在设计建造这座大楼时大胆反思了框架构造的基本原则。拉赫曼·汗提出了“筒体结构体系”。与传统框架相比，这种结构系统不仅更加结实坚固，还省料省钱，对环境产生的影响更小，而且还能创造出更多的内部空间，为建筑师提供更广阔的发挥空间，让他们自由地设计出更多类型的摩天大楼形式。筒体结构体系的框架可以由钢筋、混凝土或二者的混合物构成。汉考克中心内部空间的功能划分中既有办公室又有公寓，大厦立面极具视觉表现力，以一系列“X”形框架为主要特征，一个叠着一个，意味着大楼的立面实际上也是筒体结构体系的一部分。

这个由建筑师与结构工程师组成的设计团队后来又设计建造了西尔斯大厦（现名为威利斯大厦）。它于1973年落成于芝加哥，高达442.1米，在接下来的25年间占据了世界第一高楼的地位。西尔斯大厦看上去像是9个高低不一的集束在一起的长筒，从结构角度讲，它们本质上是彼此独立存在的建筑。

理论上讲，拉赫曼·汗的筒体结构体系可以使建筑达到无限高度，这导致摩天大楼建筑热在20世纪70年代再度兴起。但是，新一代的摩天大楼虽然在高度上史无前例，却也面临着新的问题。当大楼在高度上达到极限时，设计团队不仅要解决因风导致的严重侧移问题，还有大楼自身的摆动问题需要注意。在摩天大楼设计中的一项创新是大规模引入了由混凝土或钢材制成，安放在大楼上部的“调谐质量阻尼器”，它们就像巨大的钟摆，以与大楼相同的频率反方向摆动，从而起到平衡作用。最早使用阻尼器的大楼是位于纽约市列克星敦大道的花旗集团中心。这座高279米、有59层楼的建筑由建筑师休·斯塔宾斯与工程师威廉·勒梅热勒设计，于1978年竣工。这座大楼现在以在建成后迅速而秘密地加固抗风支撑系统而闻名，因为一个重达400吨的阻尼器被安装在了大楼之上。[41]由此，始于19世纪80年代芝

加哥的建筑冒险，因对建筑的高度、优雅、舒适与安全性的不断追求而被继续推向新的高度。瑞莱斯大厦大面积的非承重玻璃幕墙与极简主义的细节设计，从长远来看，无疑是影响最为深远、最具启发意义的，堪称摩天大楼设计的先驱。希格弗莱德·吉迪恩在1941年曾将瑞莱斯大厦称为“对未来建筑的预测”，这话果真应验了。[42]

但是，瑞莱斯大厦走过的旅程是非常奇特的。最初它在自己的城市、自己的国家遭受冷遇，几无装饰的外表还有对历史建筑原型的背离都意味着它太超前于人们当时的审美。但是，瑞莱斯大厦迅速进入并激发了欧洲先锋派的想象力。接着，在欧洲，它的意象和颇具前瞻性的建筑理论在与“未来之城”规划相结合后被赋予了新的意义。最终，它远渡重洋，回到了自己的祖国。至此，对瑞莱斯大厦的早期期许中的一大部分都已实现了，而西格拉姆大厦可能构成了这条逻辑链的闭环。这一系列建筑学上的探究均始于成建于半个多世纪前的瑞莱斯大厦，最终西格拉姆大厦又成为一个新的起点。玻璃外墙的超高层大楼最终被确认为采用钢铁或钢筋混凝土框架的摩天大楼的终极表现形式。可以肯定地说，作为21世纪技术驱动的象征，如今在世界各地如雨后春笋般涌现的玻璃幕墙高楼在很大程度上都可以被称为约翰·W. 路特、丹尼尔·H. 伯纳姆、查尔斯·B. 阿特伍德、威廉·E. 黑尔在19世纪末于芝加哥创造的非凡的摩天大楼的直系继任者。

尖端摩天大楼重回芝加哥：由SOM建筑设计事务所的法兹勒·拉赫曼·汗与布鲁斯·格雷厄姆设计，于1973年完工的威利斯大厦。这幢大楼将采用钢铁框架与玻璃外墙的高层建筑带到了一个令人惊心动魄的新高度。

致谢

在此，我想感谢以下诸位在本书构思、写作、成书的过程中给予我的帮助。首先，感谢尼尔·贝尔顿邀请我与出版社合作，并同意由瑞莱斯大厦担当本书主角。我还要一如既往地向我的代理人查尔斯·沃克致以谢意，他的专业水准与诚恳建议让我获益良多；对T. 甘尼·哈尔伯我也感铭于心，他慷慨无私地分享了自己关于瑞莱斯大厦的研究、见解与知识，还亲自带我进行了实地考察。感谢杰弗里·贝尔的热情帮助，他是一位扎根于芝加哥的建筑师与广播员。我也无法忘怀来自芝加哥文化中心的蒂姆·萨缪尔森的帮助，他为我提供了19世纪末芝加哥的资讯以及当时顶尖建筑师的信息——其中关于丹尼尔·伯纳姆与路易斯·沙利文的尤为重要。我也想在此向芝加哥艺术学院的赖尔森与伯纳姆档案馆致以谢意，他们协助我汇编了本书中的图像内容。伦敦英国皇家建筑师协会图书馆为我提供了班尼斯特·弗莱彻关于1893年芝加哥世界博览会的笔记，对此我深表谢意。此外，我还要感谢乔治娜·布莱克威尔，是她以十分巧妙而专业的方式引导本书成功出版。

图片来源

扉页后 ullstein bild/ullstein bild/Getty Images;

p.3 Donald Hoffman Collection, Ryerson and Burnham Archives, The Art Institute of Chicago;

pp.16–17 Bettmann/Getty Images;

p.51 Chicago History Museum/Getty Images;

p.60 Universal History Archive/UIG/Bridgeman Images;

p.71 Granger Historical Picture Archive/Alamy Stock Photo;

p.73 Copyright of and Courtesy of the Ironbridge Gorge Museum Trust;

p.75, 82, 85 Chicago History Museum;

p.92 Eric Allix Rogers;

p.99 Donald Hoffman Collection, Ryerson and Burnham Archives, The Art Institute of Chicago;

p.99 Bettmann/Getty Images;

p.103 Donald Hoffman Collection, Ryerson and Burnham Archives, The Art Institute of Chicago;

p. 103 Henryk Sadura/Shutterstock;

p.116 Chicago History Museum;

pp.130–131 Donald Hoffman Collection, Ryerson and Burnham Archives, The Art Institute of Chicago;

pp.138–139 Donald Hoffman Collection, Ryerson and Burnham Archives, The Art Institute of Chicago;

p.140 Daniel H. Burnham Collections, Ryerson and Burnham Archives, The Art Institute of Chicago;

pp.146–147, p. 182 Chicago History Museum;

p.184 Donald Hoffman Collection, Ryerson and Burnham Archives, The Art Institute of Chicago;

pp.194–195 Commission on Chicago Landmarks Photograph Collection, Ryerson and Burnham Archives, The Art Institute of Chicago;

p. 96 © Global Image Creation, LLC;

p.202 Commission on Chicago Landmarks Photograph Collection,

Ryerson and Burnham Archives, The Art Institute of Chicago;

pp.214–215 © Global Image Creation, LLC;

pp.222–225 Burnham Library/ University of Illinois Project to Microfilm Architectural Documentation Records, Ryerson and Burnham Archives, The Art Institute of Chicago;

pp.226–235 Daniel H. Burnham Collection, Ryerson and Burnham Archives, The Art Institute of Chicago;

pp.236–240 Burnham Library– University of Illinois Project to Microfilm Architectural Documentation Records, Ryerson and Burnham Archives, The Art Institute of Chicago;

p.275 © Ludwig Mies van der Rohe/ DACS 2018;

p.290 George Rinhart/Corbis/Getty Images;

p.296 Angelo Hornak/Corbis/Getty Images.

注释

第二章　约翰·威尔伯恩·路特：亚特兰大、利物浦与纽约

1 Shelby Foote, *The Civil War*, Vol. 2 (Pimlico, London 1992), pp. 938–9.

2 David J. Eicher, *The Longest Night* (Pimlico, London 2002), p. 697.

3 Harriet Monroe, *John Wellborn Root: A Study of His Life and Work*, 1896 (Prairie School Press edition, 1966), pp. 7–8.

4 Ibid.

5 Ibid, p. 7.

6 Thomas G. Dyer, *Secret Yankees: The Union Circle in Confederate Atlanta*, (The Johns Hopkins University Press, Baltimore), 1999, 2001, p. 60.

7 Franklin M. Garrett, *Atlanta and Environs: A Chronicle of its People and Events*, Vol. 1 –1820s–1870s (University of Georgia Press, 1954, 1969 facsimile edition), p. 439.

8 Monroe, p. 3.

9 Monroe, pp. 7–8.

10 Eicher, p. 707.

11 Monroe, p. 8.

12 Eicher, p. 714.

13 Ibid.

14 Ibid. and *From Atlanta to the Sea*, William T. Sherman编辑后的回忆录，由B. H. Liddell Hart编辑并撰写前言 (Folio Society, London, 1961), p. 104.

15 *From Atlanta to the Sea*, pp. 110–27. 谢尔曼在此处及其他多处地方均对“亚特兰大之围”、投降后对城市结构及居民待遇的处理做出了辛辣尖锐、鞭辟入里的陈述。

16 Monroe, pp. 8–9. 加勒特记录了由北方联邦军宪兵队指挥官于1864年9月5日发布的一项命令，内容是：“现居亚特兰大的所有家庭，家中有男性代表效力于南部邦联诸州的……须于五日内离城。”南方

邦联将军胡德给谢尔曼写了一封短信，声称“这是闻所未闻的手段……驱逐人们……离开自己温馨舒适的家，将一个勇敢民族的妻子孩子们赶走”是“处心积虑、煞费苦心的残忍做法”，它“比我在这场战争中所见过的任何行为都要黑暗”。谢尔曼对此的反驳是指责胡德是一个伪君子。See Vol. 1, 1954, p. 640, pp. 641–2.

17 See Garrett, Vol. 1, 1954, pp. 655–9. 在《亚特兰大情报》(*Atlanta Intelligencer*) 1864年12月22日刊上发表的题为《谢尔曼离开后的亚特兰大》(*Atlanta as Sherman left it*) 一文中描述了这座废墟中的城市。

18 Monroe, p. 9.

19 Ibid.

20 Ibid, p. 10.

21 Ibid, p. 8.

22 Ibid, pp. 10–11.

23 Ibid, p. 11.

24 Ibid.

25 Donald Hoffmann, *The Architecture of John Wellborn Root,* (Johns Hopkins University Press, Baltimore & London, 1973), p. 4.

26 Monroe, p. 12.

27 Thomas Browne, *Religio Medici, 1642, section 16; The Oxford Museum, The Substance of a Lecture by Henry W. Acland,* James Parke & Co. (Oxford, 1867), p. 13.

28 Monroe, pp. 12–13.

29 Hoffmann, p. 4.

30 Monroe, p. 14.

31 Ibid, pp. 15–16.

32 Hoffmann, pp. 4–5.

33 Sarah Bradford Landau, *P. B. Wight: Architect, Contractor and Critic,* (Art Institute of Chicago, Chicago), 1981.

34 Monroe, p. 23.

第三章 芝加哥：1871—1891

1 Monroe, pp. 23–4 of 1966 edition.

2 Ibid, p. 24.

3 Ibid, p. 25.

4 Ibid.

5 Erik Larson, *The Devil in the White City* (Doubleday, 2003), pp. 20–1.

6 Monroe, p. 130.

7 Larson, p. 21.

8 Louis H. Sullivan, *The Autobiography of an Idea,* fore word by Claude Bragdon, (Press of the American Institute of Architects, New York, 1926), pp. 285–6.

9 Larson, p. 22.

10 Monroe, p. 49.

11 Larson, p. 22.

12 Ibid.

13 Monroe, p. 169.

14 Charlotte Gere with Lesley Hoskins, *The House Beautiful: Oscar Wilde and the Aesthetic Interior* (Lund Humphries, London, 2000), p. 88.

15 Kevin H. F. O'Brien, *'The House Beautiful': a reconstruction of Oscar Wilde's American lecture,* Victorian Studies, vol. 17, no. 4 (Indiana University Press, January 1974), pp. 395–418; Gere and Hoskins.

16 George Eliot, letter to John Blackwood, 5 November 1873, quoted in Denis Donoghue's *Walter Pater: Lover of Strange Souls,* New York, 1995, p. 58.

17 Essay included in Intentions, 1891; quoted by Gere, p. 14.

18 *Mr Oscar Wilde's Lectures, Seasons 1883–4,* p. 5.

19 *New York Herald.* Quoted in Wilde's Lectures.

20 Gere and Hoskins, p. 88.

21 Ibid., p. 88 and 92.

22 Norman Page, *An Oscar Wilde Chronology,* (MacMillan, Boston, 1991).

23 Gere and Hoskins, p. 92.

24 Ibid.

25 *Mr Oscar Wilde's Lectures, Seasons 1883–4,* p. 5.

26 Kevin H. F. O'Brien, *Oscar Wilde in Canada, an apostle for the arts* (Personal Library, 1982), p. 114.

27 Gere and Hoskins, pp. 88–9.

28 Oscar Wilde, *Impressions of America,* 1906, p. 3; *The Philosophy of Dress,* 1885.

29 Larson, p. 25. However, in 1900 a'map of the business centre of Chicago'states that skyscrapers are from'12 to 21 stories' high.

30 T. Gunny Harboe, *Reliance Building*

Historic Structures Report (McClier Preservation Group), p. 1.

31 Larson, pp. 24–5.

32 Donald L. Miller，*City of the Century: The Epic of Chicago and the making of America*，(Simon & Schuster，New York，1996)，p. 319; 奥尔迪斯就读于耶鲁大学。19世纪90年代早期，他开始收集以美国作家为主的首版著作，并满怀雄心壮志地要搜寻来自每位原著作者的提及其作品的一封信。他将自己的藏品馈赠给耶鲁大学，学校将其单独结集，取名为《耶鲁大学美国文学选》(*Yale Collection of American Literature*)。路特与奥尔迪斯的交往范围一定不仅限于建筑与房地产领域。

33 Ibid., p. 320.

34 Ibid., p. 319.

35 *Chicago Tribune*, 25 February 1885, p. 15.

36 Larson, p. 25.

37 Monroe, p. 114.

38 Larson, pp. 24–5.

39 Monroe, pp. 114–15.

40 Ibid, p. vii.

41 Harboe, p. 2.

42 Larson, pp. 25–6.

43 Harboe, p. 1.

44 Monroe, p. 63.

45 A. W. N. Pugin, *True Principles of Christian or Pointed Architecture* (Henry Bohn, London, 1853), p. 1.

46 John Ruskin, *The Seven Lamps of Architecture* (George Allen, Kent, 1889), p. 9.

47 Larson, p. 30.

48 Charles Moore, *Daniel H. Burnham, Architect, Planner of Cities,* vol. 2, (Houghton Mifflin, Boston, 1921), p. 147.

49 Larson, p. 29.

50 Ibid.

51 Information thanks to Gunny Harboe; *Chicago Tribune,* 7 July 1889, p. 9.

52 Monroe, pp. 141–2.

53 Ibid.

第四章 “白城”

1 信息来源于Gunny Harboe, *see Inter*

Ocean, vol. xviii, 2 March 1890, p. 10.

2 Carl W. Condit, *The Chicago School of Architecture,* (The University of Chicago Press, Chicago, 1964), p. 111.

3 Alexis de Tocqueville, *Democracy in America,* part 1, 1835; part 2, 1840.

4 Ibid, part 2, p. 36.

5 Norman Bolotin and Christine Laing, *The World's Columbian Exposition: The Chicago's World's Fair of 1893,* (University of Illinois Press, Chicago), 2002, p. 1.

6 Oscar Wilde, *Impressions of America,* 1906.

7 Ibid., p. 3; *The Philosophy of Dress,* 1885.

8 1893年古德温奖学金。奖金得主、英国皇家建筑师协会准会员班尼斯特・F. 弗莱彻关于1893年芝加哥哥伦布纪念博览会的报告，手稿藏于英国皇家建筑师协会图书馆，索书号 725.91. 73 (C) (043)- X079 257。

9 Monroe, p. 218.

10 Ibid, p. 219.

11 Monroe, p. 220 of 1896 edition.

12 Louis Willie, *A City Circled by Parks: Forever open, clear and free,* (University of Chicago, 1991), p. 54.

13 Monroe, p. 221.

14 Ibid.

15 Ibid, pp. 221–2.

16 Ibid, p. 222.

17 Ibid, p. 224.

18 Ibid, p. 221.

19 Erik Mattie, *World's Fairs,* (Princeton Architectural Press, 1998), p. 88.

20 Sullivan, p. 285.

21 Banister Fletcher, Godwin Bursary report, MS copy, pp. 3–4.

22 班尼斯特・弗莱彻完成于1893年12月底，包括照片、图纸与许多建筑细节的素描，尤其是关于世博会展馆的金属屋顶部分。这份报告大部分由手工完成，藏于伦敦英国皇家建筑师协会图书馆内。英国皇家建筑师协会负责管理并执行古德温奖学金的授予，见《1893年古德温奖学金。奖金得主、英国皇家建筑师协会准会员班尼斯特・F. 弗莱彻关于1893年芝加哥哥伦布纪念博览会的报告》(*The Godwin Bursary 1893. Report on the Columbus Exposition at Chicago 1893 by the holder Banister*

F. Fletcher ARIBA），英国皇家建筑师协会图书馆，索书号725.91. 73(C) (043) –X079 257。

23 Banister Fletcher, p. 4.

24 Monroe, p. 225.

25 Mattie, p. 88, 97.

26 Hoffmann, p. 230.

27 Sullivan, pp. 285–92.

28 Banister Fletcher p. 9.

29 Moore, p. 40 of 1968 edition.

30 Mattie, p. 89.

31 Moore, pp. 40–1 of 1968 edition.

32 Ibid.

33 Ibid.

34 Ibid.

35 Ibid.

36 Mattie, pp. 88–9.

37 Fletcher, p. 10.

38 Moore, p. 43.

39 Sullivan, *Autobiography of an Idea* (1926), p. 320.

40 Ibid., p. 320.

41 Moore, p.44 of 1968 edition.

42 Monroe, pp. 262–3.

43 Miller, p. 382; Larson, p. 107.

44 Mattie, p. 89.

45 Moore, pp. 44–5 of 1968 edition.

46 Moore, p. 45 of 1968 edition.

47 Mattie, p. 89.

48 Frank Lloyd Wright, 'The Tyranny of theSkyscraper', in *Modern Architecture*, (Princeton University Press, 1931), p. 85.

49 Bolotin and Laing, p. 44.

50 Moore, p. 46 of 1968 edition.

51 Ibid.

52 Hoffmann, p. 220. 伯纳姆写给荷马・圣・高登斯的信《悼念奥古斯塔斯・圣・高登斯》(*The Reminiscences of Augustus Saint-Gaudens*)，由其子荷马编辑，2 vols (New York, 1913), vol. ii, p. 66.

53 Moore, p. 50 of 1968 edition.

54 Mattie, p. 89.

55 Moore, p. 47 of 1968 edition.

56 Banister Fletcher, p. 4.

57 Ibid., p. 6.

58 Ibid., p.8.

59 Ibid.

60 Ibid.

61 Ibid.

62 Judith Dupré, *Skyscrapers* (Black Dog

and Leventhal, New York, 1996), p. 22.

63 Ibid., p. 11.

64 Ibid.

65 Mattie, p. 96.

66 DUP Blue Print, p. 16.

67 Mattie, p. 96.

68 *Engineering* magazine, August 1892.

69 *Lippincott* magazine, March 1896, pp. 403–9.

70 Mattie, p. 97.

71 Miller, p. 502.

72 Ibid.

73 Jeanne Madeline Weimann, *The Fair Women: The Story of the Woman's Building, World's Columbian Exposition* (Academy Chicago, Chicago, 1981).

74 Candace Wheeler, *Yesterdays in a Busy Life* (Harper Brothers, New York, 1918), pp. 253–4; see also Amelia Peck and Carol Irish, *The Art and Enterprise of American Design,* (Metropolitan Museum of Art, New York, 2001).

75 Judith Paterson, 'Harriet Monroe' in *Dictionary of Literary Biography,* (Gale, Detroit, 1990), pp. 226–34.

76 *The Columbian Ode,* Harriet Monroe, W. Irving Way & Co., Chicago, 1893, 由哥伦布纪念博览会典礼仪式联合委员会委托创作，于1892年10月21日“在制造业产品与工艺品馆揭幕仪式上，在逾十万人面前”朗诵。

77 Monroe, p. 242.

78 Ibid, p. 243.

79 Ibid, pp. 243–4.

80 Ibid, p. 242.

81 Sullivan, pp. 324–5.

82 *Lady Windermere's Fan,* Act III, Oscar Wilde, 1892年2月于伦敦首演。

83 Sullivan, p. 323.

84 Moore, p. 45 of 1968 edition.

85 *Chicago Tribune,* 14 January 1893, p. 6.

86 Miller, p. 531.

87 Moore, p. 86 of 1968 edition.

88 Hoffmann, p. 220.

89 Banister Fletcher 1893 report.

90 Moore, p. 74 of 1968 edition.

91 Miller, p. 532; Linda Dowling, *Charles Eliot Norton; The Art of Reform in Nineteenth-century America,* (University of New Hampshire Press, 2007).

第五章　瑞莱斯大厦

1 Joanna Merwood-Salisbury, *Chicago 1890* (University of Chicago Press, 2009), p. 98.

2 Harboe, p. ix, 2.

3 Ryerson and Burnham Archive, Art Institute of Chicago.

4 Harboe report, p. 8; *American Architect and Building News,* vol. xlvii, no. 996, 26 January 1895.

5 Ibid.

6 Ruskin, p. 9.

7 Miles I. Berger, *They Built Chicago,* 1992, pp. 49–58.

8 Chicago Tribune, 17 November 1898, p. 7.

9 Ibid.

10 *Chicago Inter Ocean,* vol. xviii, 7 July 1889, p. 18.

11 William H. Jordy, *American Buildings and Their Architects: The Impact of European Modernism in the Mid-twentieth Century,* Vol. 3 (Doubleday, New York 1976), p. 61.

12 *Chicago Tribune,* 16 March 1895, p. 8.

13 Harboe.

14 The *Chicago Evening Journal,* 15 March 1895, p. 5.

15 *The Economist,* vol. xiii, 16 March 1895, p. 301. 感谢Gunny Harboe告知这些引言。

16 Harboe, p. 28.

17 Thomas Leslie, *Chicago Skyscrapers 1871–1934*, (University of Illinois Press, Chicago, 2013), pp. 69–71, p.91; Joseph Kendall Freitag, *Architectural Engineering, with Especial Reference to High Building Construction* (John Wiley & Sons, New York 1895), p. 276 in 1907 edition.

18 Kendall Freitag *Architectural Engineering, with Especial Special Reference to High Building Construction* (John Wiley & Sons, New York; Chapman & Hall, London, 1907).

19 Charles E. Jenkins, 'A White Enameled Building', *Architectural Record,* vol. iv, January–March 1895, p. 302.

20 Thomas Leslie, *Chicago Skyscrapers,*

1871–1934 (University of Illinois Press, Chicago, 2013), p. 93.

21 Charles E. Jenkins, 'A White Enameled Building', p. 299.

22 *The Economist,* vol. xiii, 25 August 1894, p. 206.

23 For example see Judith Dupré, p. 22.

24 Charles E. Jenkins, 'A White Enameled Building', *Architectural Record,* vol. iv, 1896, p. 302.

25 Harboe, p. 10

26 Harboe, p. 14.

27 Harboe, p. 15.

28 *Chicago Evening Journal,* 13 March 1895, p. 5.

29 *Ornamental Iron,* vol. ii, May 1895, p. 92.

30 *Chicago Tribune,* 16 March 1895, p. 8.

31 *Chicago Evening Journal,* 5 March 1895, p. 5.

32 *Chicago Tribune,* 17 November 1898, p. 7.

33 Leslie, p. 91.

34 *Chicago Tribune,* 16 March 1895, p. 8.

35 Harboe, p. 13.

36 Ibid., p. 15.

37 Leslie, p. 91.

38 Harboe, p. 3.

39 Marcus Vitruvius Pollio, *Ten Books of Architecture* (De architectura), c. 30 bc, Book I Chapter 3.莫里斯・希基・摩根在其1914年的翻译中将"utilitas""firmitas""venustas"译为"持久""便利""美丽", p. 17 of 1960 Dover edition.

40 The Reliance Building, Drawing no. 39, D. H. Burnham and Co., 6 June 1894; Harboe, p. 7. Charles E. Jenkins, 'A White Enameled Building', *Architectural Record*, vol. iv, 1895. 第303页、第305页记述"建筑师与承包商们均已将建材准备就绪，只等往上建，接着在（1894年）5月1日……建成了一个延伸的平台"用来拆毁原有楼层，开始瑞莱斯大厦上部楼层的施工。

41 Joanna Merwood-Salisbury, p. 98.

42 *The Economist,* vol. viii, 25 August 1894.

43 Jenkins, p. 300, 301, pp.304–6.

44 Dupré, p. 25.

45 Harboe, p. 27; *The Economist,* vol. 3, 1 March 1890, p. 229; *Ornamental*

Iron, May 1895.

46 *Chicago Daily News Almanac for 1897*, p. 448.

47 Berger, p. 57.

48 Thomas Leslie, *Chicago Skyscrapers 1871–1934*, pp. 92–3; Barr Ferree, 'The Modern Office Building', in *Inland Architect and News-Record*, vol. xxvii, no. 1, May 1896, pp. 34–8; Jenkins, p. 299.

49 A. N. Rebori, 'Work of Burnham & Root', *Architectural Record*, vol. xxxviii, no. 1 July 1915, pp. 33–168, p. 66, quoted in Leslie, *Chicago Skyscrapers*, pp. 92–3. Rebori wrote the obituary on 'Louis H. Sullivan', in Architectural Record, vol. 55, no. 6, June 1924, pp. 586–7; Leslie, pp. 92–3.

第六章　遗产

1 Nikolaus Pevsner, *Pioneers of the Modern Movement: from William Morris to Walter Gropius*, (Faber & Faber, London, 1936), p. 166. Subsequent editions were titled *Pioneers of Modern Design*.

2 Leslie, p. 98, pp. 99–100.

3 Ibid., p. 100.

4 Ibid.

5 As explained in his article 'Ornament in Architecture' published in *Engineering* magazine in August 1892.

6 Lloyd Wright, p. 85.

7 Charles Moore, *Daniel H. Burnham Architect Planner of Cities* (Da Capo Press, New York, 1968), p. 213.

8 Ibid., pp. 127–40.

9 Henry James，*The American Scene*，记录了作者在1904年与1905年游历美国的经历，部分内容初次发表于各种杂志上，1907年首次结集出版。

10 Benjamin C. Ward在1907年是委员会的共同创始人之一，担任首位行政秘书一职。他在1909年出版了*An Introduction to City Planning: Democracy's Challenge and the American City*一书。在书中，他陈述了委员会发现的诸多问题，并基于对世界范围面临与纽约市相似情况的城市进行的研究提出了解决建议。这些城市面临着与纽约市相似的问题。

11 小册子包括一篇题为“We have found you wanting”，引自 Leon Stein (ed.), 'Out of the Sweatshop: the Struggle for Industrial Democracy', Quadrangle/New Times Book Company (New York, 1977), pp. 196–7。

12 Peter Behrens, *Berlins dritte Dimension,* ed. Alfred Dambitsch, (Berlin, Ullstein, 1912), pp. 10–11; Terence Riley and Barry Bergdoll, Mies in Berlin (Museum of Modern Art, New York, 2001), p. 363.

13 Paul Scheerbart, *Glass Architecture,* ed. Dennis Sharp (Praeger, New York, 1972), p. 42, 56, 63.

14 Riley and Bergdoll, p. 106.

15 Ibid., p. 44.

16 Mies van der Rohe, *Frülicht* 1. no. 4 (1922), p. 124, quoted in Fritz Neumeyer, Artless Word: *Mies van der Rohe and the Building Art* (MIT Press, 1991), p. 240.

17 Sigfried Giedion, *Space, Time and Architecture* (Harvard University Press, 1967), pp. 387–8.

18 Elaine S. Hochman宣称“建造它的技术还不存在”，引自 *Architects of Fortune: Mies van der Rohe and the Third Reich* (Weidenfeld & Nicolson, New York, 1989), p. 10。

19 这组蒙太奇照片与炭笔素描可能创作于1922年，为宣传需要，并不包括在1921年柏林参赛作品展览中。后来，Mies van der Rohe将其中的一幅图像捐赠给了纽约现代艺术博物馆。See Riley and Bergdoll, pp. 325–7.

20 Hochman, p.10.

21 Nikolaus Pevsner, p. 214.

22 Henry-Russell Hitchcock, ' Catalogue of the Modern Architecture ' exhibition at New York Museum of Modern Art, 1932, p. 57; Giedion, pp. 482–6.

23 Ibid, p. 482; Walter Gropius, *The New Architecture and the Bauhaus* (London, 1937), pp. 22–3.

24 Le Corbusier, pp. 251–2.

25 *Urbanisme* was translated into English by Frederick Etchells and published

in 1929 as *The City of Tomorrow and Its Planning* (The Architectural Press, London, 1971), p. 51.

26 Le Corbusier, p. 288

27 Hochman, pp. 141–2,p. 312.

28 Mies van der Rohe, unpublished MS. 13 March 1934, quoted in Neumeyer, p. 314.

29 Robert Browning，*Andrew del Sarto,* 1855，"……然而做得更少，如此之少……好吧，少即是多……那里燃烧着更真实的上帝之光"；Mies的另一句名言"上帝在细节之中"并无可稽考的出处，正如Franz Schulze指出的那样，"没人……听他说过这话"。福楼拜曾写道"万能的上帝在细节之中"，如果密斯说过这话，那他也许是在引述福楼拜。*Mies van der Rohe: A Critical Biography,* p. 281.

30 Moises Puente, *Conversations with Mies* (Princeton University Press, New York, 2008), p. 31.

31 Peter Carter, *Mies van der Rohe at Work* (Phaidon, London, 1974), pp. 45–6.

32 有关湖滨大道公寓墙壁的部分内容，*Mies in America,* ed. Phyllis Lambert, Canadian Centre of Architecture, Montreal, 2001, illustration 4.214. "H"形截面结构钢柱被混凝土与灰泥包裹，外面覆盖着一层金属，其上直接固定着"I"形截面竖框。其他"I"形截面竖框包裹在金属板表面，里面镶嵌着玻璃窗。

33 Catalogue to 1977 exhibition The Seagram Plaza: *Its Design and Use* (Museum of Modern Art, New York), quoted in *Seagram: Union of Building and Landscape* (Phyllis Lambert, April 2013).

34 Jean-Louis Cohen, *Ludwig Mies van der Rohe* (Birkhauser, Berlin, 2007), p. 141. Franz Schulze在*Mies van der Rohe: A Critical Biography*中说，纽约教育部告诉Mies他因没有执照从而无法从事建筑工作。只有当他通过考试，证明自己具有高中水平同等学历时，才会授予他执照。Mies的朋友们及时地从德国拿到了他的教育背景证明，才使他免于考试，pp. 280–281。

35 See floor and wall sections in Mies in America, ed. Phyllis Lambert, illustration 4.216.

36 Lambert, *Building Seagram,* pp. 49–55.

37 Ibid.

38 Cohen, pp. 143–4. 在*Mies van der Rohe: a critical biography* (University of Chicago Press, 1985), p. 270，Franz Schulze解释了这个也许有些让人疑惑不解的批评：“为了加固又高又细的大楼，抵御风力，在大楼脊线的南北两面安装了剪力墙。”尽管这两堵剪力墙是用混凝土建成的，但外表裹覆着蒂尼安大理石，上面又搭配着一系列的竖框与拱肩起到了美化作用。这些竖框与拱肩仿制了其他墙体的形式。这些操作明显有违于密斯公然宣称的对逻辑与明晰的笃信。

39 Herbert Muschamp, ‘Opposites Attract’, *New York Times* magazine, 18 April 1999.

40 Carter, p. 37.

41 ‘The 59 story crisis’ by Joseph Morgenstern, *New Yorker* magazine, 29 May, 1995, p. 45.

42 Giedion, pp. 387–8 of 1967 edition.

译名对照表

人名

A

A. N. 雷博里 A. N. Rebori

阿尔杰农·查尔斯·史文朋 Algernon Charles Swinburne

埃里克·拉森 Erik Larson

埃里克·马蒂 Erik Mattie

埃玛·戈尔德曼 Emma Goldman

艾达·B. 威尔斯 Ida B. Wells

爱德华·C. 尚克兰 Edward C. Shankland

爱德华·弗朗索瓦·安德烈 Édouard François André

安东尼奥·桑·伊利亚 Antonia Sant' Elia

奥古斯都·W. N. 皮金 Augustus W. N. Pugin

奥古斯都·圣·高登斯 Augustus Saint-Gaudens

奥斯卡·尼迈耶 Oscar Niemeyer

奥托·瓦格纳 Otto Wagner

奥托·扬 Otto Young

B

巴尔·费里 Barr Ferree

巴里·伯格多尔 Barry Bergdoll

班尼斯特·弗莱彻 Banister Fletcher

保罗·杜兰德—鲁埃尔 Paul Durand-Ruel

保罗·谢尔巴特 Paul Scheerbart

本·L. 雷特曼 Ben L. Reitman

彼得·埃利斯 Peter Ellis

彼得·邦尼特·怀特 Peter Bonnett Wight

彼得·贝伦斯 Peter Behrens

彼得·卡特 Peter Carter

彼得·沙登·布鲁克斯三世 Peter Chardon Brooks Ⅲ

波特·帕尔默 Potter Palmer

伯莎·帕尔默 Bertha Palmer

布鲁诺·陶特 Bruno Taut

布鲁斯·格雷厄姆 Bruce Graham

布鲁斯·普莱斯 Bruce Price

C

C. J. 米勒 C. J. Miller

查尔斯·B. 阿特伍德 Charles B. Atwood

查尔斯·艾略特·诺顿 Charles Eliot Norton
查尔斯·莱尔 Charles Lyell
查尔斯·伦尼·麦金托什 Charles Rennie Macintosh
查尔斯·麦基姆 Charles McKim
查尔斯·摩尔 Charles Moore
查尔斯·泰森·叶凯士 Charles Tyson Yerkes
查尔斯·伊斯特莱克 Charles Eastlake
查尔斯·詹金斯 Charles Jenkins

D

戴维·J. 艾彻 David J. Eicher
丹尼尔·伯纳姆 Daniel Burnham
丹克马尔·阿德勒 Dankmar Adler
朵拉·惠勒·基思 Dora Wheeler Keith
朵拉·路特 Dora Root

E

E. W. 戈德温 E. W. Godwin

F

F. L. 巴尼特 F. L. Barnett
法兹勒·拉赫曼·汗 Fazlur Rahman Khan
菲利普·哈德威克 Philip Hardwick
菲利普·约翰逊 Philip Johnson
菲利斯·兰伯特 Phyllis Lambert
斐迪南·佩克 Ferdinand Peck
弗兰克·劳埃德·赖特 Frank Lloyd Wright
弗兰克·梅纳德·豪 Frank Maynard Howe
弗兰克·米利特 Frank Millet
弗雷德里克·P. 丁克伯格 Frederick P. Dinkelberg
弗雷德里克·道格拉斯 Frederick Douglass
弗雷德里克·劳·奥姆斯特德 Frederick Law Olmsted

G

戈登·邦沙夫特 Gordon Bunshaft

H

H. H. 霍姆斯 H. H. Holmes
哈里·G. 塞尔福里奇 Harry G. Selfridge
哈莉特·芒罗 Harriet Monroe
赫伯特·马斯卡姆 Herbert Muschamp
亨利·W. 阿克兰 Henry W. Acland
亨利·艾维斯·科布 Henry Ives Cobb

亨利·范布伦特 Henry Van Brunt
亨利·霍布森·理查森 Henry Hobson Richardson
亨利·科尔 Henry Cole
亨利·萨金特·科德曼 Henry Sergeant Codman
亨利·詹姆斯 Henry James
亨利—鲁塞尔·希契科克 Henry-Russell Hitchcock
华莱士·K. 哈里森 Wallace K. Harrison
霍勒斯·G. H. 塔尔 Horace G. H. Tarr
霍勒斯·格里利 Horace Greeley

J
J. B. 斯努克 J. B. Snook
杰西·哈特利 Jesse Hartley

K
卡尔·康迪特 Carl Condit
卡尔弗特·沃克斯 Calvert Vaux
卡特·亨利·哈里森 Carter Henry Harrison
坎达丝·惠勒 Candace Wheeler
克拉伦斯·库克 Clarence Cook

L
莱曼·盖奇 Lyman Gage
勒·柯布西耶 Le Corbusier
李维·Z. 莱特 Levi Z. Leiter
理查德·多伊利·卡特 Richard D'Oyly Carte
理查德·莫里斯·亨特 Richard Morris Hunt
理查德·特纳 Richard Turner
卢修斯·费希尔 Lucius G. Fisher
路德维希·格莱泽 Ludwig Glaeser
路易斯·康福特·蒂芙尼 Louis Comfort Tiffany
路易斯·沙利文 Louis Sullivan
罗伯特·W. 哈斯金斯 Robert W. Haskins
罗伯特·斯温·皮博迪 Robert Swain Peabody
罗伯特·威尔逊 Robert T. Wilson
罗丝·施奈德曼 Rose Schneiderman

M
马丁·A. 赖尔森 Martin A. Ryerson
马歇尔·菲尔德 Marshall Field
玛格丽特·伯纳姆 Margaret Burnham
玛丽·安·蒂尔森 Mary Ann Tillson

玛丽·弗尔柴尔德·麦克莫尼斯 Mary Fairchild MacMonnies
玛丽·卡萨特 Mary Cassatt
玛丽·路特 Mary Root
密斯·凡·德·罗 Mies van der Rohe

N

拿破仑·萨罗尼 Napoleon Sarony
尼古劳斯·佩夫斯纳 Nikolaus Pevsner

O

欧内斯特·G. 格雷厄姆 Ernest G. Graham
欧内斯特·弗拉格 Ernest Flagg
欧文·F. 奥尔迪斯 Owen F. Aldis

P

佩米莉亚·威尔伯恩 Permelia Wellborn

Q

乔治·B. 波斯特 George B. Post
乔治·W. 黑尔 George W. Hale
乔治·阿姆斯特朗·卡斯特 George Armstrong Custer
乔治·艾略特 George Eliot
乔治·法利士 George Ferris
乔治·富勒 George Fuller
乔治·戈德温 George Godwin
乔治·普尔曼 George Pullman
乔治·史蒂芬森 George Stephenson

R

R. M. 索亚 R. M. Sawyer
让-路易·科恩 Jean-Louis Cohen

S

莎拉·泰森·哈洛韦尔 Sarah Tyson Hallowell
索菲亚·海登 Sophia Hayden
索伦·S. 比曼 Solon S. Beman

T

T. 甘尼·哈尔伯 T. Gunny Harboe
唐纳德·L. 米勒 Donald L. Miller
唐纳德·霍夫曼 Donald Hoffmann
特伦斯·赖利 Terence Riley
托马斯·G. 戴尔 Thomas G. Dyer
托马斯·布朗 Thomas Browne
托马斯·黑斯廷斯 Thomas Hastings
托马斯·杰斐逊 Thomas Jefferson
托马斯·莱斯利 Thomas Leslie
托马斯·塔尔梅奇 Thomas Tallmadge

W

威廉·E. 黑尔 William E. Hale

威廉·H. T. 沃克 William H. T. Walker

威廉·H. 乔迪 William H. Jordy

威廉·勒巴隆·詹尼 William Le Baron Jenney

威廉·勒梅热勒 William LeMessurier

威廉·米德 William Mead

威廉·莫里斯 William Morris

威廉·普雷蒂曼 William Prettyman

威廉·特库赛·谢尔曼 William Tecumseh Sherman

维克托·库辛 Victor Cousin

沃尔特·格罗皮乌斯 Walter Gropius

沃尔特·路特 Walter Root

沃尔特·佩特 Walter Pater

X

西德尼·路特 Sidney Root

希格弗莱德·吉迪恩 Sigfried Giedion

休·斯塔宾斯 Hugh Stubbins

Y

伊丽莎白·卡斯特 Libby Custer

约翰·B. 胡德 John B. Hood

约翰·B. 谢尔曼 John B. Sherman

约翰·N. 比奇 John N. Beach

约翰·W. 吉尔里 John W. Geary

约翰·拉斯金 John Ruskin

约翰·默文·卡雷尔 John Merven Carrère

约翰·威尔伯恩·路特 John Wellborn Root

约翰·沃克 John Walker

约瑟夫·E. 约翰斯顿 Joseph E. Johnston

约瑟夫·P. 洛根 Joseph P. Logan

约瑟夫·帕克斯顿 Joseph Paxton

Z

詹姆斯·克拉克 James Clarke

詹姆斯·伦威克 James Renwick

詹姆斯·麦克尼尔·惠斯勒 James McNeill Whistler

朱迪思·杜普雷 Judith Dupré

朱尔斯·韦格曼 Jules Wegman

专有名词

布杂艺术 Beaux-Arts

草原学派 Prairie School

“当代城市”计划 Ville Contemporaine

“光明城市” Ville Radieuse

法古斯制鞋厂 Fagus shoe company

科隆制造联盟展览会 Werkbund Exhibition Cologne

温斯洛兄弟公司 Winslow Brothers Company

地名、建筑名

A

奥利弗大厦（匹兹堡）Oliver Building, Pittsburgh

B

包豪斯大楼 Bauhaus Building

保诚大厦（水牛城）Prudential Building, Buffalo

北瓦克大道 North Wacker Drive

玻璃之家（巴黎）Maison de Verre, Paris

伯肯黑德公园 Birkenhead Park

不伦瑞克大楼 Brunswick Buildings

C

查斯・戈西奇公司 Chas. Gossage and Company

D

大道乐园 Midway Plaisance

大都会歌剧院（纽约）Metropolitan Opera House, NY

大都会人寿保险大楼 Metropolitan Life Insurance Building, NY

迪特林顿 Ditherington

第二莱特大厦 Leiter II Building

电力馆 Electricity Building

E

E. V. 霍沃特大楼 E. V. Haughwout Building

F

费希尔大厦 Fisher Building

福斯铁路桥 Forth Bridge

妇女会堂 Women' s Temple

G

格兰尼斯大厦 Grannis Block

公园街大楼（纽约）Park Row Building, NY

公正大楼 Equitable Building

共济会大楼 Masonic Temple Building

国际妇女服装工人联合会 International Ladies' Garment Workers Union (ILGWU)

国家大道 State Street

国家互济人寿保险公司大楼 State Mutual Life Assurance Company Building

国家设计学院（纽约）National Academy of Design, NY

H

黑尔大厦 Hale Building

湖滨大道公寓大楼 Esplanade Apartment Building

花旗集团中心 Citygroup Center

会堂大厦 Auditorium Building

J

机械馆 Machinery Hall

家庭保险公司大楼 Home Insurance Building

交通馆 Transportation Building

杰克逊公园 Jackson Park

K

肯特住宅（芝加哥南密歇根大道）Kent House, South Michigan Avenue

库克街 Cook Street

矿物与采矿馆 Mines and Mining Building

L

兰德·麦克纳利公司大楼（亚当斯大街）Rand McNally Building, Adams Street

里特维尔德—施罗德住宅（乌特勒支）Rietveld Schroder House, Utrecht

利华大厦（公园大道）Lever House, Park Avenue

联合牲畜围栏场大门 Union Stock Yard Gate

林业馆 Forestry Building

卢克里大厦 Rookery Building

伦敦皇家植物园邱园 Kew Gardens London

M

曼哈顿大厦 Manhattan Building

蒙托克大厦 Montauk Block/Building

摩纳德诺克大楼 Monadnock Building

N

南拉萨尔大街 South La Salle Street

R

瑞莱斯大厦 Reliance Building

S

塞夫顿公园（利物浦）Sefton Park, Liverpool

三角制衣工厂 Triangle Shirtwaist Factory

沙利文中心 Sullivan Center

圣巴特里爵主教座堂 St Patrick's Cathedral NY

胜家大厦（纽约）Singer Building, NY

水晶宫 Crystal Palace

索加内什旅馆 Sauganesh Hotel

T

塔科马大厦 Tacoma Building

凸窗大楼（利物浦）Oriel Chambers, Liverpool

W

王冠街火车站 Crown Street Station

温莱特大厦（圣路易斯）Wainwright Building, St. Louis

伍尔沃斯大厦 Woolworth Building

X

西尔斯大厦 Sears Tower

西格拉姆大厦 Seagram Building

西湖街 West Lake Street

Y

艺术宫 Palace of Fine Arts

议会公园路 Congress Parkway

渔业馆 Fisheries Building

园艺馆 Horticultural Building

约翰·汉考克中心 John Hancock Center

熨斗大厦 Flatiron Building

Z

制造业产品与工艺品馆 Manufactures and Liberal Arts Building

中央音乐厅 Central Music Hall

珠宝商大楼 Jewellers' Building

组合住宅公寓（马赛）Unité d'Habitation, Marseille

里程碑文库

The Landmark Library

“里程碑文库”是由英国知名独立出版社宙斯之首（Head of Zeus）于2014年发起的大型出版项目，邀请全球人文社科领域的顶尖学者创作，撷取人类文明长河中的一项项不朽成就，以“大家小书”的形式，深挖其背后的社会、人文、历史背景，并串联起影响、造就其里程碑地位的人物与事件。

2018年，中国新生代出版品牌“未读”（UnRead）成为该项目的“东方合伙人”。除独家全系引进外，“未读”还与亚洲知名出版机构、中国国内原创作者合作，策划出版了一系列东方文明主题的图书加入文库，并同时向海外推广，使“里程碑文库”更具全球视野，成为一个真正意义上的开放互动性出版项目。

在打造这套文库的过程中，我们刻意打破了时空的限制，把古今中外不同领域、不同方向、不同主题的图书放到了一起。在兼顾知识性与趣味性的同时，也为喜欢此类图书的读者提供了一份“按图索骥”的指南。

作为读者，你可以把每一本书看作一个人类文明之旅的坐标点，每一个目的地，都有一位博学多才的讲述者在等你一起畅谈。

如果你愿意，也可以将它们视为被打乱的拼图。随着每一辑新书的推出，你将获得越来越多的拼图块，最终根据自身的阅读喜好，拼合出一幅完全属于自己的知识版图。

我们也很希望获得来自你的兴趣主题的建议，说不定它们正在或将在我们的出版计划之中。

里程碑文库编委会